L'Histoire
VNIVER-
SELLE DES
POISSONS,
& autres mon-
stres aqua-
tiques.
*
Auecq' leurs pourtraicts &
figures, exprimez au plus
pres du naturel.

A LYON,
Par les heritiers
de Benoist
Rigaud.
M. DC.

ADVERTISSEMENT

DE L'IMPRIMEVR
au lecteur.

**

My Lecteur, ie t'ay bien voulu aduertir, que ie ne me suis point tant voulu confier en moy-mesme, ou asseurer de mes forces, que ie ne conf sse librement auoir recueilly ce present trai-cté de plusieurs autheurs, anciens & modernes, sans pardonner à aucun, de ceux que i'ay cogneu auoir le plus fidellement Philosophé sur l'histoire des poissons, comme tu pourras des-couurir par la lecture du subiect, & ensem-ble iuger combien nous sommes redeuables à ceux qui postposent leur profit particulier pour consacrer le fruict de leurs labeurs au public.

L'IM

L'IMPRIMEVR
AV LECTEVR
SALVT.

***

'Il y a quelque chose d'admirable en l'vniuers, apres la cõtemplation de l'homme (pour l'vsage & seruice duquel toutes autres choses furẽt creées) certainement c'est la consideration des animaux, & specialement de ceux desquels la nature est plus estrange, & la façon de viure plus esloignee de nos sens, comme des poissons & autres monstres aquatiques, lesquels estans cachez aux profonditez des mers, & quasi enterrez aux tenebreux abysmes des lacz

A 2

& fleuues, reçoyuent (ainſi que le
Philoſophe eſcrit) les plus curieux re-
chercheurs de leurs mœurs & condi-
tions : à raiſon dequoy, deſirant en ce,
tant eſclaircir les conceptions des anciens, que de ſoulager les modernes,
ſpecialement à ceux qui font profeſ-
ſion de medecine, & autres bonnes
lettres, i'ay employé quelques heures
des meilleures du iour à mettre ce
traicté en lumiere, & quaſi enfanter &
exprimer au vif leur vraye forme &
figure, à fin que le lecteur diligent
conferant le pourtraict auec le naturel, puiſſe auoir entiere fruition de
ce qui ſe peut ſouhaiter ſur le diſcours
d'vn ſi noble ſubiect, comme celuy
des poiſſons, leſquels poulſez quelquesfois de l'impetuoſité des ondes,
ou agitez de certains geſtes & autres
paſſions particulieres, rauiſſent tellement celuy qui les contemple de bon
œil, qu'il deſireroit volontiers pour
                              quel

quelque espace de temps estre trans-
formé en leur espece, ou quasi se pre-
cipiteroit en l'element où ils font leur
demeure, à fin d'en receuoir quelque
plus libre & parfaicte cognoissance.
Reçoy doncques, lecteur debonnaire,
ce present traicté, d'aussi bon cœur
que ie t'en fay l'offre, esperant vn iour
plus à loysir te faire voir le pourtraict
des quadrupedes & autres estranges
animaux, la figure desquels ne t'ap-
portera moindre admiration & vtili-
té, que contentement & plaisir, ne de-
sirant autre chose pour le reste de ma
vie, que te faire cognoistre par viue
experience l'entier desir, & singuliere
deuotion que i'ay seruant au public
laisser quelque tesmoignage à la po-
sterité, que i'ay vescu.   A Dieu.

P D

LA NATVRE
ET PROPRIETE'
DES POISSONS,
auec leurs figures
au naturel.

LE DAVLPHIN.

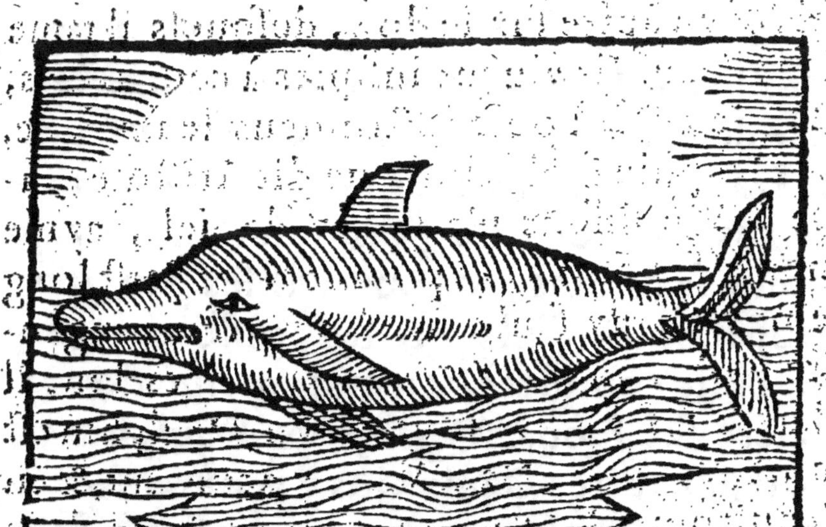

E tous les grands Poissons, ie
n'en trouue qui soit plus commun en la mer, que le Daulphin. Ce poisson n'a pas plus
de cinq pieds de long, & est autant gros

qu'vn grand homme peut embraſſer. Il n'a
non plus d'eſcaille que la Baleine: le cuyr de
couleur plombee, mais blanchaſtre ſouz le
ventre. Le groin ou muſeau rond, delié &
long, à la façon d'vn bec d'Oye: la queue
faicte en façõ de croiſſant, attachee au corps
comme en trauers, cõtre la mode des autres
poiſſons:elle eſt noire, comme auſſi ſont ſes
eſles des coſtés. Il a vn tuyau entre les deux
yeux, par lequel il attire, l'air, & reiecte l'eau
qu'il a prinſe. Et trouuõs qu'il a cent ſoixan-
te dents, & n'a que deux petits ellerons à coſté, & vn autre ſur le doz, deſquels il rame
dans l'eau. Ils viuent iuſques à cent xl. ans,
& ſe delectét à ouir inſtrumens de muſique.
Le Dauphin ſeul (ainſi que dit Ariſtote) entre les poiſſons n'a point de fiel, ayme
moult ſes faons, & pource il les paiſt long
temps. Et luy ſeul entre les poiſſons engendre beſte complete, & a mammelles dont il
alaicte ſes faons. Quand vn Daulphin eſt
mort, les autres Daulphins y acourent, & en
l'enuironnant le portent au profond de la
mer & l'enſeueliſſent, à fin qu'il ne ſoit mangé des autres poiſſons. Les petits Daulphins
ſont touſiours enſemble, ainſi comme trou-
peaux, & ont deux grands Daulphins qui les
gardent. Et ſi aucun d'iceux meurt, les autres le mettent & portent ſur leurs eſpaules,

&

& le gardent qu'il ne ſoit mangé des autres
poiſſons , iuſques à tant que par la tempeſte
de la mer il ſoit getté au riuage. Ils s'ay-
ment merueilleuſement l'vn l'autre. La cendre du Daulphin deſtrempee d'eau gueriſt
les lichenes & les lepres. Et apres l'vlceration ſe doit enſuyure la cure qui meine à
cicatrice. La graiſſe d'iceluy fondue & beuë
auec vin gueriſt & medecine les hydropic-
ques. La cendre des dents du Daulphin meſlee auecq' miel proffite moult aux genciues
& aux lieux où ſont les dents , & auſſi fait ſi
d'icelle dent ſont touchees les genciues.
Auſſi celle dent pendue & liee au col de la
perſonne oſte les doutes & paours ſou-
daines.

L'ANGVILLE.

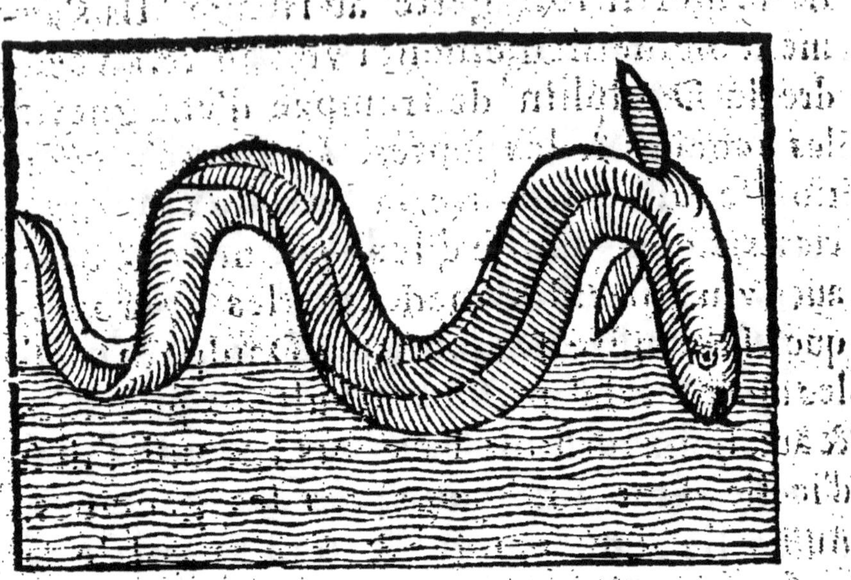

LEs Anguilles font vulgaires en toutes
leaux, & par ce cogneuës de chacun: elles
defcendent des riuieres en la mer, où elles
s'engraiffent ayfément, paffans ores de la
douce en la falee Parquoy celles qu'ó prend
en la mer, font toufiours eftimees plus fai-
nes, que les autres qui viuent en la pure eau
douce. Si eft-ce, que quelque part qu'elles
viuent cherchent toufiours la fange : & par
ce, elles engendrent groffes humeurs en nos
corps. La falee en deuient moins nuyfible.
Elles font difficilement efcorchees, & ont
tref dure mort: laquelle efcorchee vit enco-
res. Elle s'efmeut à la voix du tonnerre, elle
s'efiouyt

s'eſiouyt des eaux de fleuues cleres, & en
l'abſconſion des pleiades elle eſt le plus
ſouuent prinſe : car lors par les vēts oppoſi-
tes l'eau eſt troublee. Elle eſt rapineuſe aux
poiſſons de moindre puiſſance, ſpecialement
quand ils ſont trouuez en ſemence. Il la faut
cuyre auecque autres viandes & appareiller,
autrement elle eſt moult nuyſible. Quand
elle eſt roſtie au feu elle vault mieux &
profite plus : car ſa malice s'euapore au ro-
ſtir. Sa graiſſe eſt medicinale aux aureilles.
Si quelqu'vn boit du vin auquel vne Anguille auroit eſté eſtainte & noyee, il haira
le vin, & l'aura en horreur.

LE HAREN.

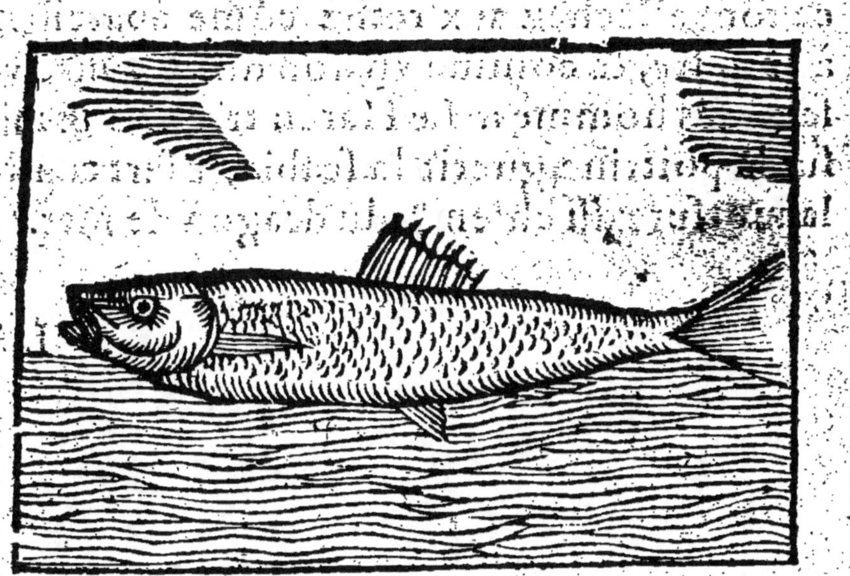

L E Haren eſt vn poiſſon de Mer, lequel ſe trouue en la Mer Oceane
entre

entre la grand' Bretaigne & la haute Alle-
maigne. Ledit Haré à ſa ſaiſon depuis Aouſt
iuſques en Decembre, lequel quand il eſt
nouueau pris eſt delicieux à manger, &
quand il eſt ſallé pour l'vſage des hommes;
peut durer bon plus que nul autre poiſſon.
Entre tous les autres poiſſons luy ſeul vit
d'eau ſeulement, & ne peut viure ſinon en
eau: car incontinent qu'il vient en l'air il
meurt, & n'y a point d'eſpace entre l'atou-
chement de l'air & ſa mort. Ses yeux luyſent
de nuit à ſemblance de lumiere en la mer
mais la vertu d'iceux meurt auec le poiſſon:
& par tout où ils voyent lumiere en la mer
ſur l'eau, là ils s'aſſemblent,& par ceſte aſtu-
ce ſont allechez aux rethz cõme apareillez
à prendre, & comme vn don diuin pour l'v-
ſage des hommes. Le Haren trenché & mis
ſur la poitrine guerit la ſcabie,& ſert contre
la morſure du chien & du dragon de mer.

LA

LA BALENE.

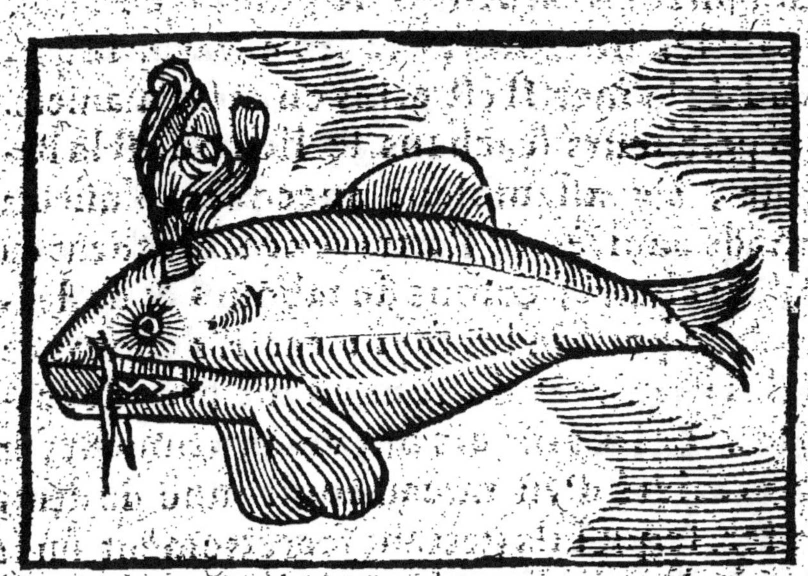

L'On tient que la Balene est le plus grãd
poisson de la mer, comme lon peut iuger par les os & costes d'iceluy qui sõt d'extreme grandeur, & que lon monstre en plusieurs endrois par grande admiration. Il a
en ieunesse les dents noires, & en vieillesse
blãches. Ce poisson reiette aucunesfois l'eau
qu'il a prinse par le groin, en si grande im-
petuosité que lon dict quelquesnauires en
auoir esté remplies & renuersees. Aucunesfois ils portent sur leurs dos sablon & ter-
res, esquelles quand la tempeste court les
mariniers s'esiouissans d'auoir trouué terre,
ils gettent sur icelle leurs ancres, & en faulse
fermeté

fermeté se reposent & font feu dessus, &
quand la beste sent la chaleur du feu, sou-
dainement s'esmeut & se plonge en l'eau,
tirant les hommes auec les nauires au parfond de la mer. Il est prins en ceste maniere.
Les pescheurs sçachans le lieu où est la Baleine, s'y assemblent auecques plusieurs
grands nauires, & l'attrayent & alechent en
faisant chans, & sons de tabours & de fleu-
tes & le poisson les suyt : car il s'esiouyt de
telles manieres de sons estant pres des nauires. Les mariniers ont vn instrument fait
en maniere d'vn rateau enuironné de dents
de fer, lequel ils gettent secrettement sur le
dos dudit poisson, lequel se sentant nauré
se iette soudain au parfond de la mer, & se
frotte le dos contre la terre, & oste violen-
tement le fer des playes, tant que la graisse
persee ilaura penetré la chair viue par dedans. Et ainsi le fer osté, l'eau salee de la
mer entre dedans la playe & tue le poisson
nauré. Et quand il reflue & flote mort sur
la mer, les pescheurs le lyent de cordes, &
auec grand trayement le tirent au riuage.
Quand la Balene se ioue en la mer c'est signe de tempeste, il ne mange pas comme
les autres poissons: mais seulement engloutit en son corps. Il a les voyes de la bouche
estroictes, parquoy il n'engloutit que les
petits

petits poiſſons, leſquels par ſon aleine odoriferante il attire à ſoy & les deuore & met
en ſon ventre : car il a en ſon ventre vne
peau ſemblable à vne peau delice appellee
membrane, laquelle percee de troux ne
laiſſe point choſe grand y entrer.

LE CHIEN MARIN.

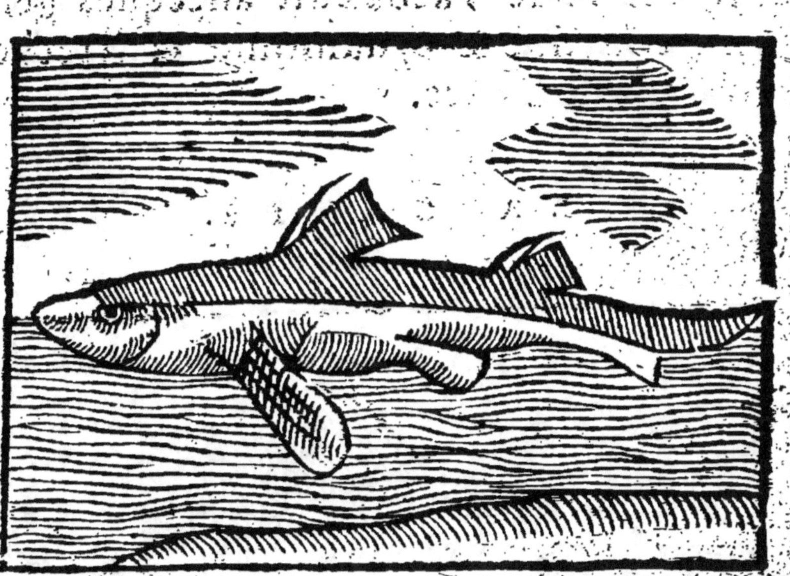

LE Chien de mer a la peau aſpre & rude,
laquelle ſert à polir les bois & ouura-
ges des Menuſiers, Artiliers, & Charpen-
tiers. Il ſert auſſi à couurir les poignees des
dagues & eſpees, pour les tenir plus ſeu-
rement en la main. Il a branches tres ro-
buſtes formees en maniere de cloux. Ce
poiſſon chaſſe l'aſſemblee des poiſſons en

la

la mer à la semblance du Chien, qui chasse
les bestes en la terre, excepté qu'il n'abaye
point, mais pour abayement il a siflet merueilleux & horrible.

Le fiel du Chien de mer est dit d'aucuns
estre venin, duquel s'aucun en mange à la
grosseur d'vne lentille, le fait mourir en vne
sepmaine. Mais sa cure & remede est qu'on
boiue beurre de Vache cuit auecques gen-
ciane romaine & cynamome & derechef
le coagule de Lieure.

LA CARPE.

LA Carpe est vn poisson ayant les escailles quasi dorées, habitant es estangs
&

& fleuues. La commune longueur des Car-
pes est d'vn pied & demy : elles croissent
aussi iusques à deux pieds, mais il est rare
de les voir passer telle mesure. Le tonnerre fait dommage à la santé de la Carpe,
comme aussi font la trop grande quantité
de pluyes : Quand elle sent ses œufs en son
ventre conuenables à mettre hors, par
mouuement doux & legier, fait signe & ad-
moneste le masle qu'il luy ayde à enfanter.
Et lors en lieu de semence il enuoye du
laict, lequel reçoit à la bouche, & tantost
elle a des œufs qui profitent en sa lignee :
car elle ne fait nuls œufs s'elle n'a receu
par auant par la bouche la semence. Et
quand la semence est receuë, ce ayde non
point seulement à faonner, mais aussi à con-
ceuoir les œufs & former, desquels la lignee est esperee en l'annee aduenir. En ce
poisson à plusieurs astuces à fin qu'il escha-
pe la rethz : car quand il est entré en la rethz
il cherche en tournant le pertuys, & trou,
lequel quand il ne trouue point s'efforce
de saillir en l'air en la rethz à fin qu'il chee
hors aucunesfois, il quiert son refuge dessouz la rethz, aucunesfois il tient vne her-
be à la bouche au fons de l'eau, à fin que
quand la rethz vient il s'eschappe. Aucunesfois aussi il vient d'en haut à grand im-

B

petuosité, & fiche sa teste au lymon moult
fort, à fin que le rethz passant par la queuë
soit fraudee de sa prinse, on dit que le cerueau d'iceluy croist & descroist selon la
croissance ou descroissance de la Lune, &
combien que ce soit en tous poissons, toutesfois en cestuy plus, ainsi comme entre les
bestes à quatre pieds au Loup & au Chien.

LE CONGRE.

Nous voyons les Congres en esté venir de l'Ocean es villes Mediterranees de grosseur, & longueur excessiue:
mais ceux qu'on apporte en autonne sont
moindres, tellement qu'il y a quelques en-
droicts

droicts où on les nomme Anguilles de mer.
On peut obſeruer les Congres en blancs
& noirs, tout ainſi qu'és Anguilles. Il y
a grande affinité entre vn ieune Congre
& vne Anguille, qu'il n'y a poiſſonnier
qui ne ſe trouue empeſché à les diſtin-
guer: mais qui regardera les dents du Congre, les trouuera diſpoſees par ordre entour la maſchoire, & courtes, quaſi comme ſi la maſchoire eſtoit cochee, au con-
traire de l'Anguille, qui les ha confuſes
tant dedans le palais que es maſchoueres.
Tous Congres ont la peau polie & ſans
eſcailles : la prunelle des yeux eſt noire,
entournee d'vn cercle doré : leurs lettres
ſont eſpoiſſes, dont celle de deſſus a comme quelques rudimens de deux barbins,
leſquels eſtans preſſez entre deux doigts,
rendent quelque liqueur morueuſe. L'ouuerture de leur bouche eſt grande, mon-
ſtrant la langue cochee comme celle d'v-
ne oye, le foye palliſt tirant à celuy d'vn
bar: dont le ſeneſtre lopin eſt plus long
que le dextre. Son goſier eſt de moult
grande ouuerture, comme auſſi eſt l'eſtomach, depuis lequel, iuſques au conduit
de l'excrement, n'y a qu'vne ſimple reuo-
lution des inteſtins. La maniere de peſcher
les Congres eſt diuerſe, ſelon diuers riua-

ges : car les pescheurs de nostre Ocean,
ayans enfilé des poissons en leurs haims,
& principalement ceux qui sont nommez
Exoceti, s'en vont vers quelques rochers,
quand le flot de la Mer a passé, & là atta-
chans leurs cordes aux pierres, laissent
leurs poissons & haims. La mer n'arreste
guere à s'en venir, qui amene diuerses especes de Congres, & autres diuerses especes de poissons quand & elle, les Congres
trouuant leur amorce, demeurent prins
aux haims. Et quand le flot de la mer s'en est
retourné, les pescheurs s'en vont trouuer
les Congres. La Murene & le Congre ont
haine l'vn à l'autre, & se rongent entre eux
la queuë.

LE

LE VEAV MARIN.

LE Veau Marin a les naseaux comme vn
grand Dogue, & les yeux gros, & à fleur
de teste, sur lesquels, comme aussi sur le museau, il porte certaines barbes longues, ainsi
qu'vn Chat. Il a les os de tout le corps si flexi-
les & aysez à ployer, qu'ils semblent estre
cartilagineux : de sorte que ce Veau estant
sur vne colline, & pourchassé de pres, il se
roule dedans la mer ainsi qu'vne boule. Et
mesmes estãt sorty de la mer en campaigne,
& viuant des bleds verds, raisins, & autres
fruicts de la terre, s'il est tant soit peu pour
suiuy, il ne peut courir aysément, par ce qu'il
a les pieds plats, & separez de membranes,

B 3

ainſi qu'vn oye , ou canard , ou que les
queuës de poiſſons : mais il eſt garny de
bons & forts ongles. Et eſt ſouuent chaſſé
aux riuages de la mer, tant pour l'vſage que
lon prend de ſa peau (que l'eau ne peut per-
cer) & dit lon qu'elle garde de tonnerre.
Ceſte beſte engendre en terre en alaiſtant à
la mammelle, nourriſt ſes veaux & ne les
meine point en la mer deuant douze iours.
Il ſe rend difficilement occis, ſi lon le frap-
pe en la teſte. Quand il dort il ronfle ſi
haut qu'il ſemble que ſon dormir ſoit mu-
giſſement.

L'HI

L'HIRONDELLE DE MER.

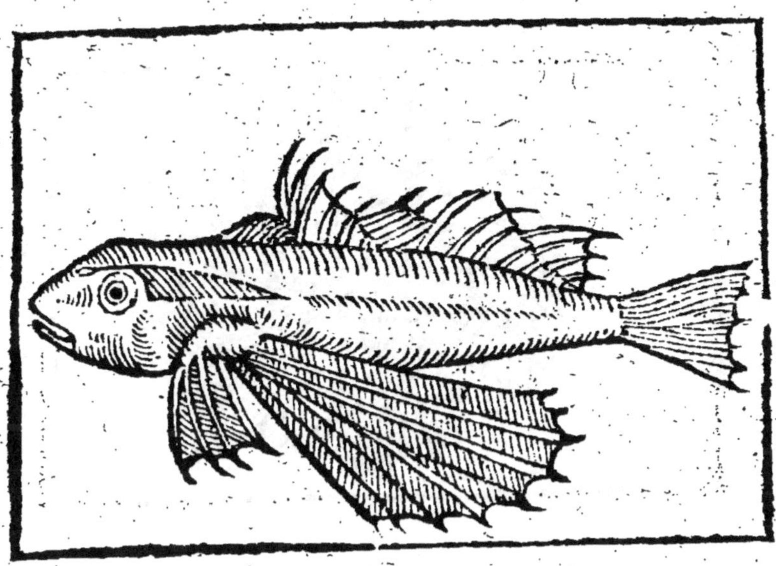

L'Hirondelle a quatre grandes esles, sans aucuns aguillions, desquelles se sachant ayder en l'air, vole quelque peu à la maniere des Hirondelles, dont elle en a prins son nom. Sa teste est quasi aussi grande, comme est celle du mulet. Ses yeux sont grands & larges. Sa bouche petite & sans dents. Le dessus de sa teste est plat, elle est couuerte de mesmes escailles que le Mulet Sa queue est fourcheue & large, en laquelle chacun peut obseruer ceste enseigne particuliere, que la fourcheure d'embas est plus grande, que celle de dessus.

B 4 Le

LE Heriſſon de mer n'eſt guieres plus
gros, qu'vn œuf, reſſemblant à l'eſcorce
eſpineuſe d'vne chaſtaigne. Il a la teſte & la
gueulle embas, comme dit Ariſtote, & l'yſſue de ſes ſuperfluitez en haut, qui eſt contre la couſtume de toutes les autres beſtes.
Il vſe de ſes eſpines en lieu des pieds. Ses
parties interieures ſont ſeparees, & ſes in-
ferieures ſont continuees. Il eſt en horreur
aux autres poiſſons: car il eſt plein d'eſpines. Sa chair eſt vehementement rouge ſemblable à minium. Ainſi que dit Pline, tous
Heriſſons ſont bons à l'eſtomach.

LE

LE LIEVRE MARIN.

LE Lieure marin est de couleur fauue,
son corps n'est gueres plus gros que le
poin, lequel mene ça & là à son plaisir, ayant
vne partie bossue, en dessus, & l'autre creuse
en dedans: & en se roulant, nage en l'eau de
tous sens, & le plus souuent à la renuerse. Sa
bouche est située au milieu de sa partie cô-
caue. Son sang est chault qui mondifie pan-
num. Sa teste bruslée engendre les poilz en
alopicie proprement auecques sain d'Ours,
& beaucoup en tiria : mais quand on en fait
emplastre comme il est, il arrache le poil &
les creins. Il est nombré & mis entre les me-
decines venimeuses, & occis auecq' vlcera-

B 5

tion

tion du poulmõt. Pline recite que ſi les femmes groſſes regardent la femelle du Lieure
marin, elles auortent tantoſt par le vomiſ-
ſement de l'eſtomac. Le Lieure de mer eſt
venimeux mais ſa cendre retient les poilz
ſubtilz arrachez es paulpieres. Il gueriſt les
boſſes entãt qu'elles ſont legeremẽt oſtees.
Aucuns commendent la podagre eſtre frot-
tee du Lieure ñouueau & frais. Son ſang &
ſon fiel s'il eſt cuyt en huille, vaut cõtre les
eſcharboucles. Le Lieure marin eſt venimeux quand on en donne en breuuage : car
il en vient contrition de l'alaine, rougeur
des yeux, toux ſeiche, crachat de ſãg & diffi-
culté d'vriner, vrine violette, l'egeſtiõ ſem-
blablemẽt, douleur en l'eſtomach, vomiſſe-
ment ſuperflu de colere de ſang, licterice,
angoiſſe & douleur des reins, ſueur puante,
& horreur de viandẽ.

LE

LE LOVP MARIN.

D'Autant que les Anglois n'ont point de Loups fur leur terre, nature les a pourueuz d'vne befte au riuage de leur mer fi fort aprochante de noftre Loup, que fi ce n'eftoit qu'il fe iette pluftoft fur les poiffons que fur les ouailles, lon le diroit du tout femblable à noftre befte tant rauiffante : confideré la corpulence, le poil la tefte (qui toutesfois eft fort grande) & la queue moult aprochante au Loup terreftre. C'eft vn poiffon ingenieux à prendre, & dit-on que quand il eft enuironné de rethz, il are & caue les fablons & arenes de la queue, & ainfi abfconfé & mucé il paffe les rethz. Le Loup marin en fe

pour

pouruoyant à moins de folicitude: mais en
foy repentant à grande force. Car quand il
demeure en l'ameçon fedicieux,il lafche &
eflargift en diuerfes manieres fes playes ,
iufques à tant que les fraudes & chofes nuy
fables cheent & ceffent. Pline recite en fon
ix. liure que tous poiffons fentent la froidu-
re & gelee de l'hyuer aduenir: mais par fpe-
cial ceux qui font eftimez auoir la pierre en
la tefte, côme les Loups & Pagre. Et quand
les hyuers font afpres , plufieurs font prins
aueugles. Les Loups qui font appellez La-
nates font trefloüables de refplendeur & de
molleffe de chair. Les meilleurs Loups font
ceux qui font es parties de Anne tyberi entre deux pons ; & font illec meilleur qu'al-
lieurs. Il fraonne deux foix l'an.

LA

LE naturel de la Lamproye est de s'atta-
cher aux pierres & rochers moussuz,
tant de mer que d'eau doulce : & encor à
l'entour des nauieres fraischement poissées:
de sorte que les Mariniers ont quelque fois
grand peine a retirer & redresser leurs ty-
mons & gouuernaux, quãd ceste beste y est
attachée, tirãt au cõtraire. Aussi a elle le museau fort moussé & spongieux, garny au dedans d'vn grand nõbre de bien petites dẽts
fort agues : & au lieu d'ouyës, elle ha sept
pertuis a costé, par lesquels elle remet
l'eau qu'elle a prinse, c'est pourquoy lon
l'appelle fluste d'alemant. Il est certain
qu'elle

qu'elle a l'ame en la queue: car la teste frappee à peine est occise: mais incontinét qu'elle est frappee en la queuë, elle rend l'ame &
meurt. Les Lamproyes vsent en la mer de
ployable impulsion & alleure, ainsi que les
serpens font en terre. Et quand elles sont en
lieu sec elles rampent. La Lamproye faon-
ne en vn chascun moys, combien que les
autres poissons faonnet en temps estably &
ordonné. Leurs œufz croissent treshastiue-
ment. La morsure de la Lamproy est guerie par la cédre faite de la teste d'icelle. Aussi la cendre des Lamproyes meslee auecques le pois de trois maigles de miel, dissoult & oste les lichenes, c'est à dire dartres,
& aussi les lepres.

LE

LE Mulet oyt bien cler, toutesfois quand
on le trouue la nuit endormy, on luy
donne des coups de trident, comme aussi
fait on sur iour. Le Mulet est seul entre les
poissons, qui a le ventricule charmé à la maniere du iesier d'vn oyseau. Les nobles &
proceres de la gueule, dient & narrent le
Mulet noble, en rendant l'esprit de vie &
mourant, estre veu d'innumerable varieté de couleurs. Le Mulet profite en
oingture ou prins en viande contre les pa-
stinances, les Scorpions terrestres ou marins, & les Dragons & spalangres. La cendre de la teste d'iceluy frais vaut contre
tous venins. Et premierement contre cham
pignons appelez fungi. De lechef la cendre de sa teste deliure les attraitz sciati-
ques.

ques. Ils ſont bruſlez en vn vaiſſeau de terre, & doyuent eſtre oingtz auec miel. Ie
treuue les Mulets eſtre en viande inutiles
pour les nerfz. Et dit-on que la viande d'i-
ceux hebete l'acuyté des yeux. Le Mulet ayde aux méſtrues des femmes. Et les Muletz
enuiellis broyez & prins en breuuage pro-
uocquent vomiſſemens. La cendre de la ſal-
ſure des Mulets diſcute & eſpart le carbun-
culus. Et le Mulet noyé & eſteint en vin
(ainſi qu'il eſt dit) fait auoir le vin en hayne
à ceux qui boyuent de celuy vin.

LE MOYNE MARIN.

IL ne faut doubter qu'en la mer ne s'en-
gendrét choſes monſtrueuſes, comme ce
poiſſon

poiſſon a la teſte en la maniere d'vn Moy-
ne freſchement rez, ayant la coronne reze
deſſus & blanche, & vn cercle en maniere de
cheueux ſur les aureilles, toutesfois il n'a
pas la face en tout ſemblable à l'homme:
car il a le nez ſemblable au poiſſon, & la
bouche continue & ioignante au nez. Et es
derrieres parties il a forme du poiſſon.
Ceſtuy monſtre attrait volōtiers les homme qui cheminent ſur les riuages de la
mer, & deuant eux il ſe iouë deſſus ſes eaux.
Et s'il voit aucun homme qui s'eſmerueil-
le, & s'approche de luy, il s'approche auſſi,
& ſi l'oportunité s'y addonne, il prent &
rauit l'homme, & ſe tire au parfond de la
mer, & ſe repaiſt en ceſte maniere & ſe
ſaoule de la chair.

C

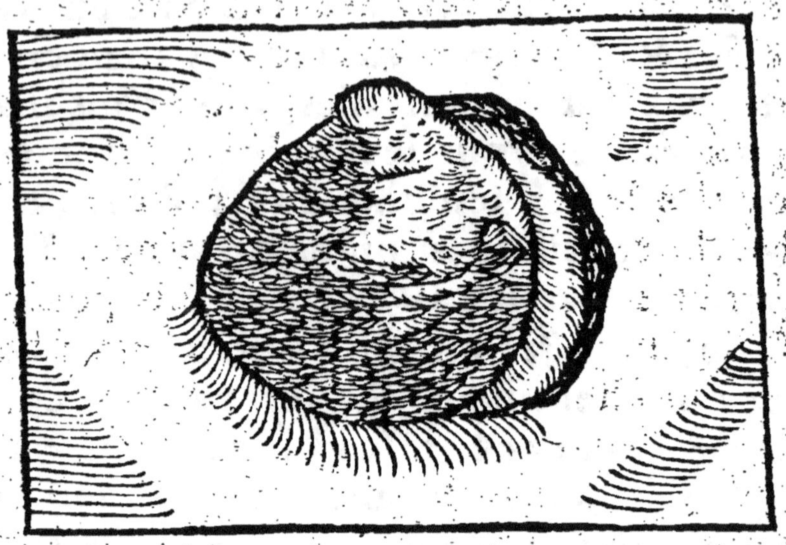

POur choyſir les bônes Oyſtres, il les faut
pluſtoſt prédre ródes que larges, & dont
la chair en eſt eſpoiſſe & lubrique. Quand
l'Oyſtre ouure ſon eſcaille pour ſoy eſiouyr
& delecter des delices de l'air, doux & amia-
ble, le Cácre (qui luy eſt ennemy) luy faiſant
aguetz & inſidies, luy gette & met vne pierre entre ſes coquilles, à fin qu'elle ne les puiſſe ioindre l'vne côtre l'autre, & ainſi l'eſcre-
uiſſe corrode & deuore la chair de l'Oyſtre.
Il y a vne treſprecieuſe margüerite en elle
naturellemét fichee, laquelle l'eau de la mer
enfermiſt & ſolide en icelle. Laquelle eſt
auſſi à peine trouuee par les Roys, & du vulgaire eſt concueillie es lieux pierreux & aſ-
pres, là giſant comme choſe vile.

Les

Les Oyſtres familierement ſont aduer-
ſaires contre les venins du Lieure marin , &
eſt attribué à icelles la palme & l'honneur
de la table des riches. Elles raſſaſient l'eſtomach , & medicinent & oſtent les faſtiges &
ennuys. Elles amolliſſent doucement le ventre , & quand elles ſont cultes & meſlees a-
uec mulſum elles deliurent & gueriſſent te-
naſmon qui eſt ſans vlceration. Auſſi elles
purgent les vlceres des vecies, & quand elles
ſont cuytes en leurs coquilles cloſes ainſi
qu'elles viennent de la mer, elles profitent
merueilleuſement aux diſtillatiós. La cendre
de leurs coquilles & teſts oſte la vuette & les
conſiles quand elle eſt meſlee auec miel.

O R B I S.

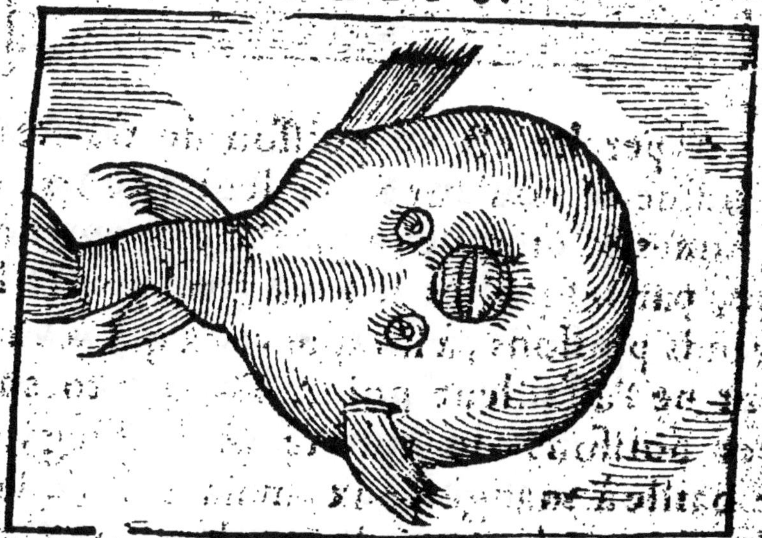

Rbis eſt ainſi dit & appellé pour ſa figure, c'eſt aſſauoir pource qu'il eſt

rond, & fe contient tout en fa tefte.

 Pline recite au trente deuxiefme liure que le poiſſon nommé orbis eſt le plus dur des poiſſons. Il eſt tout rond & ſans eſcailles.

LA PERCHE.

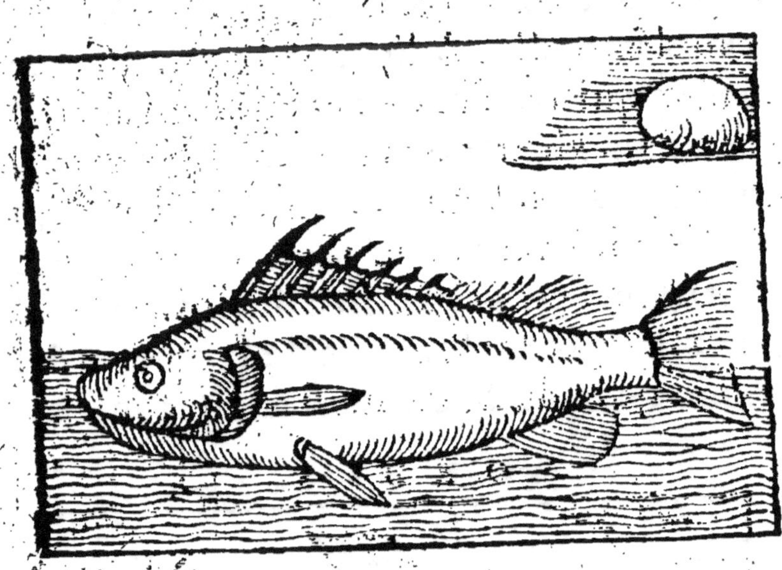

LA perche eſt vn poiſſon de riuiere de diuerſe couleur & de legier cours, de ſquames & pinnules agues & treſ-apres armé, par leſquelles il ſe deffend contre les grands poiſſons, à fin que ceux qui le chaſſent ne l'aſſaillent point. Deuant tous autres poiſſons de riuiere & d'eſtang, on le baille à manger aux malades. La Perche voyant le lus ou le brochet luy approcher, elle ſe heriſſonne & eſteue ſes pinnes, & ainſi eſchape & euade.

LE

LE POVRCEAV MARIN.

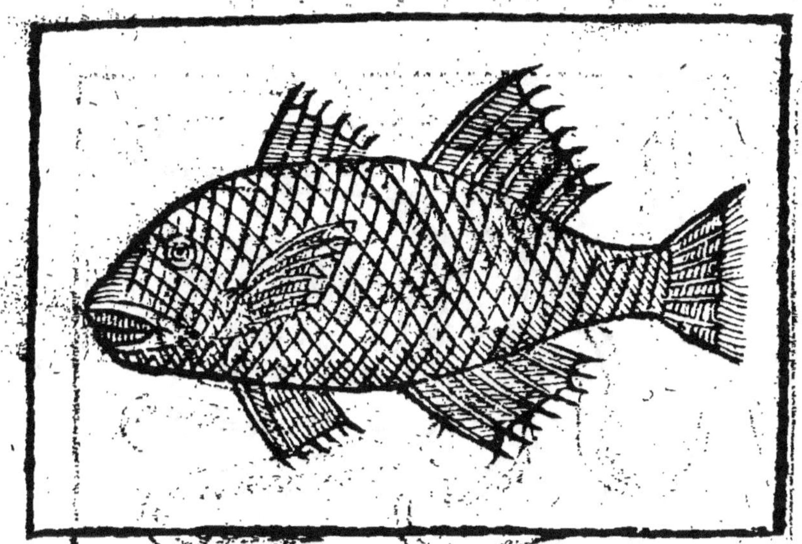

LE Sanglier ou Pourceau de mer, est de la grandeur d'vne Carpe. Il a la bouche petite, en laquelle lon voit des dents à l'entour des machoueres, comme vn homme. Il a deux elles sur le dos, dont la premiere est munie de forts aguillons, de laquelle il se cõbat vaillãment contre les autres poissons, qui sõt ses ennemis. L'autre esle qui est sans espines a vingt nerfs. Il n'a aucunes escailles, mais au lieu est bien couuert d'vne peau si rude qu'on s'en pourroit seruir à polir bois. Quand il quiert sa viande il fouyst en la terre à la semblance d'vne truye, il a son orifice de sa bouche enuiron le gosier, & s'il ne met son museau au sablon ou arene il ne trouue point sa pasture.

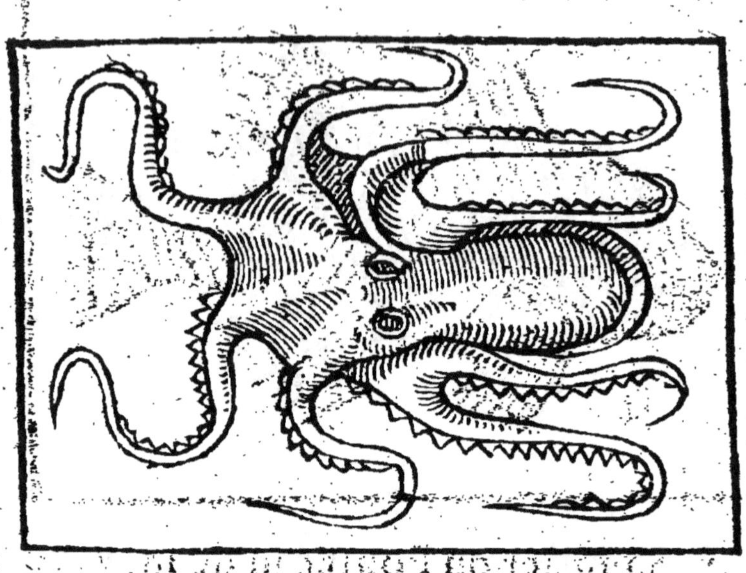

LE Polipus, est de couleur purpuree. Il a grande quantité de pertuis dedans ses iambes, ceux qui nagent en la mer craignent beaucoup de rencontrer quelque Polipe: car ilz entournent tellement les iambes, qu'vn homme a grand peine de s'en deffaire. Il a le bec en la façon de celuy du Papegau, qui est dur comme vne corde, duquel il deuore les sauterelles & cancres de mer. Le domicile du Polipus, est es cauernes entre les rocs. On dit que ils ne viuent gueres plus de deux ans. c'est vn poisson fort cauteleux, il est prins par la fumee d'vne corne de Cerf ou storax sec, car il l'ayme, & pource entre dedans les vaisseaux de ceux qui le chassent.

LA RAYE.

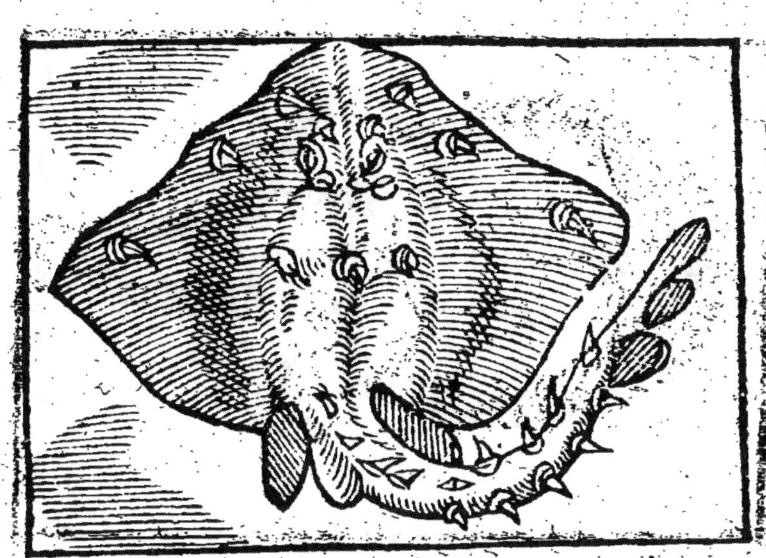

LA raye est a peu pres ronde & en longueur & largeur comme egal, il ha les
yeux horribles & la bouche liuide par dif-
formité, & ce non pas au lieu auquel les autres poissons: mais au lieu du ventre, & là
où sa teste & ses yeux sont il n'a point la
bouche. Il a la queuë moult longue comme
vne couleuure, & en icelle aucunes espines
moult agues, & aucunesfois il a vne pierre
en la teste, & ne croyons point que nature
l'aye creé inutile. Les chairs d'iceluy sont in-
digestibles ainsi comme chair de bœuf. Ils
deuiennent gras, ainsi que dit Aristote, le
vent de midy soufflant & ventant.

C 4

LA Raine marine est plus grande que
celle d'eau. Elle a aussi barbillons &
branches semblables à espines, & a la cou-
uerture ainsi que les autres Raines. La femel
le est la plus grande, ainsi comme es autres
qui font œufz, côme es Lezardes & Serpés.
La Raine marine a dessus les yeux parties
pendâtes, ainsi comme quasi cheuaux, ayans
les testes rondes lesquelles nature leur pre-
pare pour raison de leur victuaille & viâde.
Et quand la Raine meut aucune chose dedans l'eau auec la boue & l'arene, adoncques
elle dresse & esleue celles parties qui sont
quasi comme poils, & les enueloppe auec les
petis poissons, & auec icelles les ameine à

sa

ſa bouche & orifice, & ainſi les mange. Et ſi
elle ne chaſſe par celles parties qui ſont deſſus les yeux quãd elle eſt prinſe, elle eſt trouuee debile & infirme. La Raine eſt de con-
tinuelle generation, & pond dehors tãt ſeulement vn œuf complet, & a la coquille dure pour la ſaluation qui luy eſt neceſſaire par
dehors. Et la cauſe de ce eſt la nature de ſon
corps: car ſa teſte eſt trop grande à la quantité de ſon corps, & eſt eſpineuſe. Et pource
elle ne prent point ſes faons au dernier, apres
ce qu'ils ſont procreez, & tous poiſſons
nourriſſent leurs petis excepté la Raine.

La Raine marine rouge eſt mauuaiſe, &
apprehende les beſtes: car de loing elle ſaute
à elles, à fin qu'elle les morde, & ſi elle ne
les peut mordre, elle leur ſouffle vn ſouffle-
ment qui leur eſt nuyſible. De la morſure
d'icelle vient grande apoſtume & legiere
perdition. La Raine marine rouge eſt veni-
meuſe, & aduient du bruuage d'icelle ob-
fuſcation du corps, & beaucoup d'autres in-
conueniens.

C ſ La

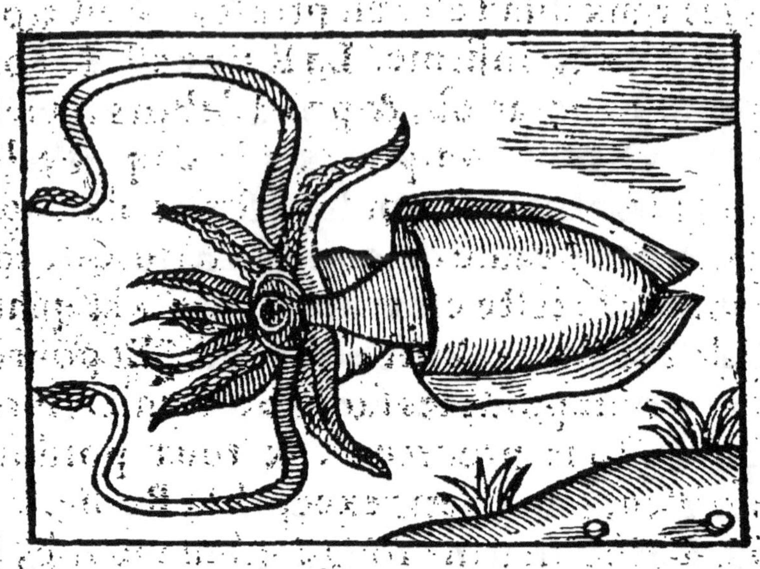

LEs Seiches ne viuent gueres plus de
deux annees, leur bec est formé comme celuy du Papegau. La femelle pont
ses œufs au printemps, dedans les Angles
& Ronseaux pres de la terre. Les Seiches
ainsi qu'on les accoustre maintenant, sont
de tresmauuais manger, aussi n'y a gueres
que les pauures gens qui en mangent.
Somme en quelque maniere qu'on les accoustre, fresches ou seiches, il fait bon boi-
re par apres le vin pur & fort. Quand la
femelle fait ses œufz le masle la suyt, & le
masle souffle sur les œufz, à fin qu'ils
soyent viuifiez. Quand elle a peur elle se
gette en l'eau & la trouble, elle a aussi en
son

son interieur deux vaisseaux plains d'œufz,
semblables en blancheur de gresle, les
corps des masles sont plus aspres que des
femelles. Le poussin ou le faon de la Seiche est contenu auec l'œuf en l'interieu-
re partie du corps, & ne peut estre autrement. Car les parties interieures & poste-
rieures conuiennent en vn mesme lieu. La
Seiche auec son arrement est mauuaise à
l'estomach & amollist le ventre, & le mol
de son os est necessairement meslé es co-
lires cacomatiques. Item les os broyez
ostent puanteur des dentz, & restituent les
macules de la chair à l'entiere & bonne
couleur. Ils guerissent les mailles & nebu-
les des yeux des hommes, & des bestes
quand on les souffle dedans, specialement
auecq' sel. Son os broyé & beu auec eau
profite grandement aux maladies de la
poitrine, & aux astmatiques. L'escorce de
la Seiche auec lait de femme oingt, oste la
tumeur & rougeur des yeux, & a par soy
amendent les cicatrices. La cendre auecq
l'escorce guerist les cicatrices des yeux,
& amende les mailles es yeux des cheuaux.
Les os de Seiche bruslez sont bons aux
lentiges & autres vices. La cendre oste les
chairs superflues, & les viceres humides,
L'os de Seiche qui est trouué en son ventre,

44

tre, vaut à blanchir les dents quand ils sont
frotez de sa poudre mise en vn drapeau de
lin. Sa poudre est confite auec ongnement
citrin pour blanchir la face. Les œufz des
Seiches prouoquent l'vrine, & euoquent les
pituites des reins.

LA SOLE.

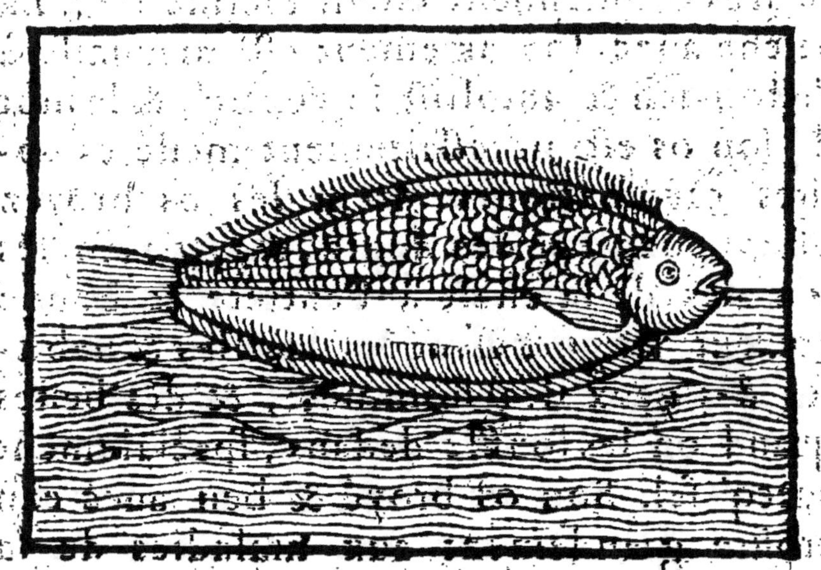

LA Sole est entournee tout à l'étour d'v-
ne mole creste, & est couuerte d'escaille bien menue. La couleur de dessus son dos
est plus obscure que dessous, qui est blanchastre. La Sole est vn poisson, entre les autres poissons, selon les medecins qui est tres-
bon à manger à ceux qui sont malades, car il
est moins flegmatique que les autres, & de
saueur agreable.

L'ESTVRGEON.

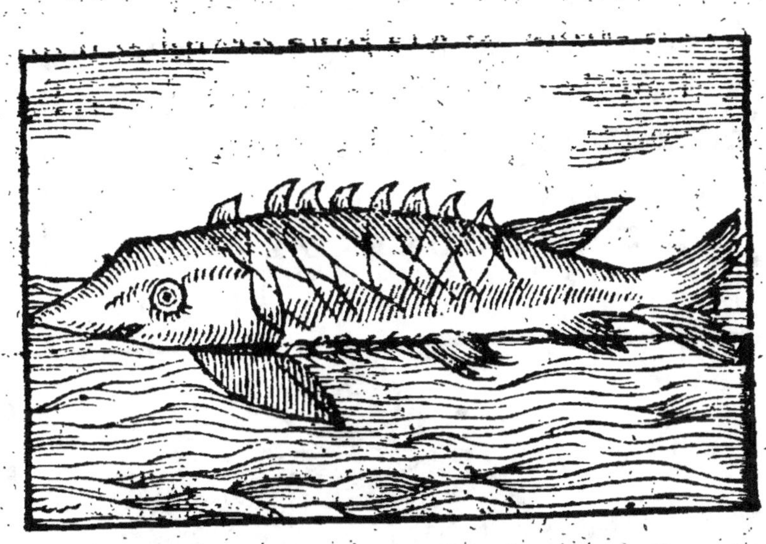

L'Esturgeon est vn poisson assez cõgneu: il croist iusques à la longueur de neuf pieds quand il est parfait. Il est rond en maniere d'vne massue, & a trois testicules en la peau, poignans par la longueur du corps. Il a la bouche plus pour succer que pour manger, & pource on ne treuue point de viande en son ventre qui soit grosse, sinon vne humeur visqueuse qu'il prend en succant. Sa bouche est côme vne fluste, dessous vn museau agu comme l'esperon d'vne galere, aux deux costez de laquelle il porte deux longues moustaches de quatre barbes, comme les barbeaux de riuiere. Il a bien

petis,

petits les yeux, comme ont les pourceaux:
ſes ouyes ne ſont doubles, ſa langue eſt blanchaſtre & eſpoiſſe. Il a la chair blanche &
douce, & n'a nulz os ſinon en la teſte. Sa
greſſe eſt iaune, & a le foye grand & ſi doux,
que s'il n'eſtoit atrempé de ſon fiel, il feroit
abhomination par ſa douceur.

L'ESTOILLE DE MER.

CE poiſſon a pris ſon nom de ſa forme. Toutes Eſtoilles cuytes deuiennent rouges, mais crues ſont diuer-
ſement colorées : comme perſes, cen-
drées, & d'autre couleur : & eſtans crues
& mortes, elles ſe rompent pour bien
peu

peu de chose, mais cuytes deuiennent dures
comme vn cal. Nature a donné pareilles ar-
mures aux estoilles de mer pour se remuer,
qu'au Herisson, & au membre honteux marin. Si quelcun les obserue hors l'eau, elles
luy aparoissent immobiles: mais qui les met
en l'eau à la renuerse, lon voit qu'elles tiret
infinis petiz piedz ressemblans aux langues
des mousches, par lesquelles leur mouuement droit en oblique est parfait. Leur bouche est aussi en la partie de dessous vers la
terre, comme es Herissons de mer, situee iu-
stement au milieu des rayons d'icelle: ayant
aussi cinq dentz ordonnees en rond, & tou-
tesfoys elles aualent les petites coquiles
toutes entieres sans les mascher. Quand elles sont bouillies, lon tire de leurs bras vne
espece de chair qui est de couleur rouge &
quelquesfoys iaune, qui est d'assez bõ goust,
& se mange au sel & au vinaigre. La chair de
l'estoille de mer mise & appliquee, est bonne
contre la morsure du dragon de mer.

LA

LA TORTVE.

LA Tortue hante la mer & les fleuues, neantmoins ne laiſſe à prendre ſa paſture deſſus la terre. Lon en trouue en grande quantité en la mer rouge, ayans les coquilles ſi larges que la moytié de l'vne ſuffit à couurir les maiſons & hoſtels des hommes quand elle eſt miſe deſſus. Et aucuneſfois auſſi on nage entre les Iſles en icelles coquilles, ainſi comme en nacelles. Ces tortues ſont prinſes en ceſte maniere, comme dit Pline. Quand il fait grand chaut, elles s'eſiouyſſent à la chaleur du Soleil, & nagent en la ſuperfice de la mer, le dos contremont renuerſé, tant qu'elles ſont tellement deſeichees.

chees, qu'elles ne peuuent plus plonger en
l'eau, & adonc malgré eux nagent deſſus
l'eau, tant qu'elles ſont prinſes des mains
de ceux qui les voyent. Aucuns dient auſſi
que de nuict ces Tortues yſſent à la paſture, & quand elles ſont ſaoules elles s'en-
dorment nageant deſſus l'eau. Et adoncq'
pluſieurs hommes aſſemblez pour les prendre, trois hommes nagent à la Tortue deſ-
quelz les deux tournent la coquille, ſi que
la Tortue eſt cachee ſouz ſon dos. Et le
tiers homme luy met vn lacz en la teſte,
ou au membre qui eſt au lieu du col. Et
les autres hommes qui ſont ſur le riuage
tirent la Tortue en terre. La Tortue ſoit
grand ou petit n'a point de dents: mais il
a les marges du bec agues & eſpoiſſes. Et
dict on qu'il a la bouche ſi dure qu'il rompt
& diminue les pierres. Et dict auſſi Pline
que ces beſtes coiſſent à la maniere des
beſtes à quatre pieds, & que les femelles
ne ſouſtiennent pas de legier lo coit, tant
que le maſle ayant renuerſé la femelle luy
ait mis des feſtus en la bouche. Et yſſue en
terre elles font œufz ſemblables à œufz
d'oye, & en fait cent ou plus & les couue
en la terre hors de l'eau, & aucunesfois
elle giſt de nuyt ſur eux en les eſchauf-
fant de ſa poitrine. Et pource aucuns dient

D

qu'el

qu'elles couuent de la veuë, ce qui est faux.
Elles font les faons en terre, & puis les
meinent en l'eau.

LE TVRBOT.

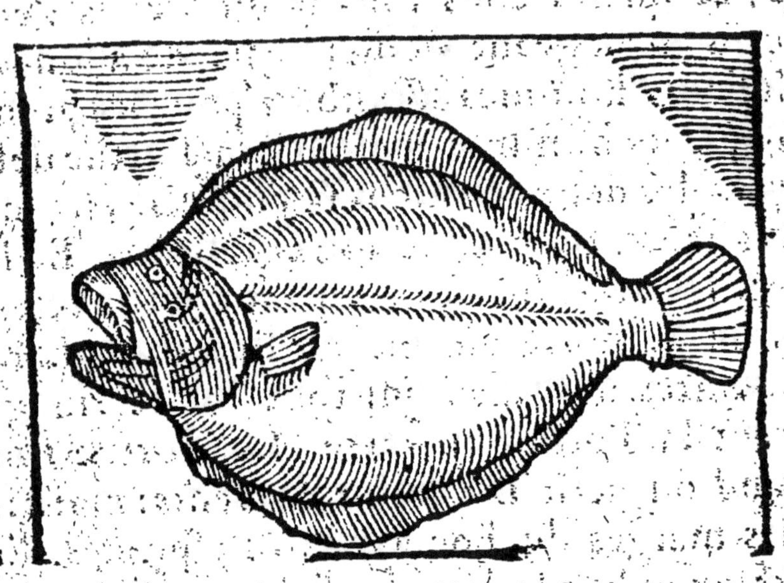

LE Turbot est conuert d'vne peau ridee,
& en quelques vns y a de telles boucles, tant dessus, que dessouz, tout ainsi
que en l'espece de Raye, qu'on nomme
Bouclee, qui toutesfois n'aduient pas en
tous, mais en bien peu d'iceux. Les Tur-
bots font les plus charnuz de tous les poissons platz. Encor que le Turbot nage
en l'eau de son plat & en trauers, toutesfois il a les esles en chasque costé, à la maniere de ceux qui nagent droict: aussi est
gar

garny d'eslettes, qui l'entournent de tous
costez, ayant quatre ouyes en chasque costé. Qui mettra le Turbot de son plat,
pour le comparer auec la Plie, & que tous
deux regardent contremont (car les pois-
sont platz ont le dessus & le dessous) lon
trouuera la bouche au Turbot à dextre, &
celle de la Plie à senestre. La chair de Turbot broyee & donnee auec eau de mulsa à
ceux qui ont fieures, leur profite grandement.

L On trouue vn Serpent de mer, appro-
chant de la forme d'vn Serpent terrestre, duquel Aristote a fait mention. Il est

quelquesfois de trois coudees de long, &
est aussi bon à manger comme vn autre poisson: si est ce que les poissonniers en font
mal leur proffit: car le vulgaire le voyant
ressembler à vn Serpent terrestre, en a horreur, & n'en veut manger. Il resembleroit
à vne Anguille ou Congre, n'estoit qu'il a
le bec long, encor plus que celuy de la Murene, ayant maintes petites dents en ses
maschouëres. Ses yeux ne sont guere grands.
Sa peau est sans escailles, ayant vne arreste
le long du dos, comme vne Anguille, Congre & Murene. Il est facile à escorcher.
Son ventre de blancheur, tire sur le rouge:
mais le dos sur le plomb. Il est dangereux
de manier de la main nue, quand il est
viuant: car il mort, comme fait la Murene. Pline le nomme Dragon marin, qui
à l'imitation d'Aristote, dit que quand on
l'a pesché & iecté à bord sur le sablon,
il n'arreste quasi rien a auoir creusé la terre de son bec, & eschapper des rez, & retourner en la mer. Il s'en tourne en cir-
cuyt à la maniere des Serpens terrestres.
L'aluyne appelee autrement absynthium,
est aduersaire au Dragon marin. La chair
aussi de l'estoille marine vault contre les
pointures du Dragon marin quand elle
est mise dessus. Contre iceluy sont mises

saulsu

faulfures & lauemens faitz du vin aigre.
Item le Dragon marin eſt bon contre le
venin de ſon eſpine, de laquelle il fiert
quand il y eſt mis. La morſure du Dragon
de mer & des autres grands Serpens eſt
guerie, entant que c'eſt vn clou ou vlcere
& non point comme venin. Aucuns dient
que la morſure du Dragon marin ſoit
vingte de ſoufre & de vinaigre. A ce auſſi
eſt bon le ſain de crocodille & plomb fro-
té ſur icelle.

LA TORPILLE.

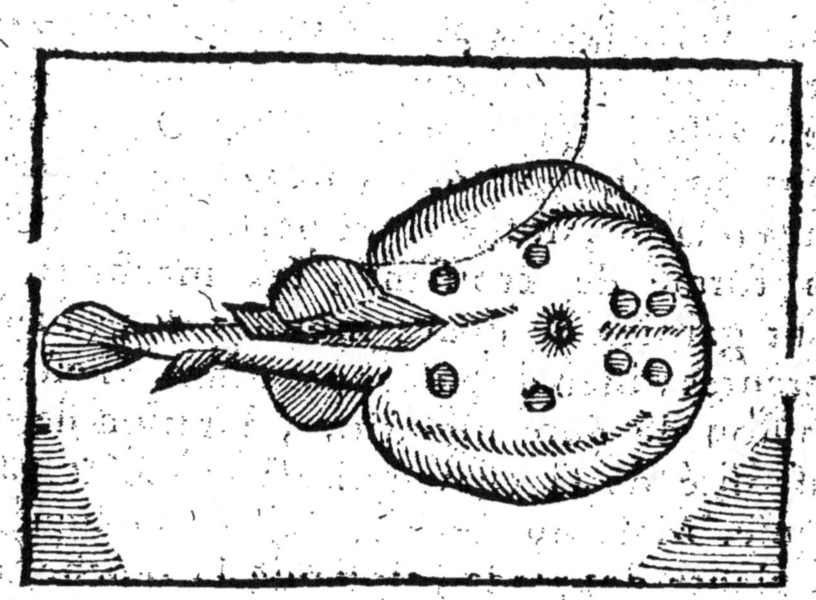

LE poiſſon eſt aſſez commun à la mer
de Bourdeaux, mais infrequent à Ve-
niſe, les Latins le nomment Torpedo pour-

ce que le seul maniement d'icelle fait
trembler la main de celuy qui la touche,
la rendant si froide & endormie, qu'il ne
s'en peut de long temps, apres bien ayder,
Il hante les riuages & bourbiers de la
mer : & diroit-on à le veoir de prime face, que c'est vne Grenoille ou Tareronde, si
ce n'estoit qu'il est plus rond & plus cen-
dré par dessus, & au lieu que la Raye a le
deuant aduancé en pointe : ce poisson porte vne coche enfonsee en dedans, comme est celle d'vne vielle, aux deux costez
de laquelle y a deux petitz yeux, & au dessouz d'iceux deux petis trous qui luy seruent d'ouye. Sa queuë est assez courte, au
dessus de laquelle porte deux petits esle-
rons qui luy seruent en nageant. Sa bouche est large, situee en la partie de dessous
en forme de croissant, ses machoueres
sont garnies de dentz mousses & peu ap-
parentes, bien disposees par ordre. C'est vn
poisson de dure digestion, à raison de la
viscosité de sa chair qui est molle & pa-
steuse. Mais on tient que s'il est appliqué à
la plante des pieds, ainsi que la tenche, il
oste la fieure : & en appaise la chaleur. La
Torpille prinse en viande amollist le ventre, & est medecine à la rate, quand elle y
est appliquee, & empesche la maladie in-
terieu

terieure. S'elle est prinse quand la Lune est
en Libra, & qu'elle soit gardee en l'air
par trois iours, elle fait les enfantemens
faciles.

LE ROVGET.

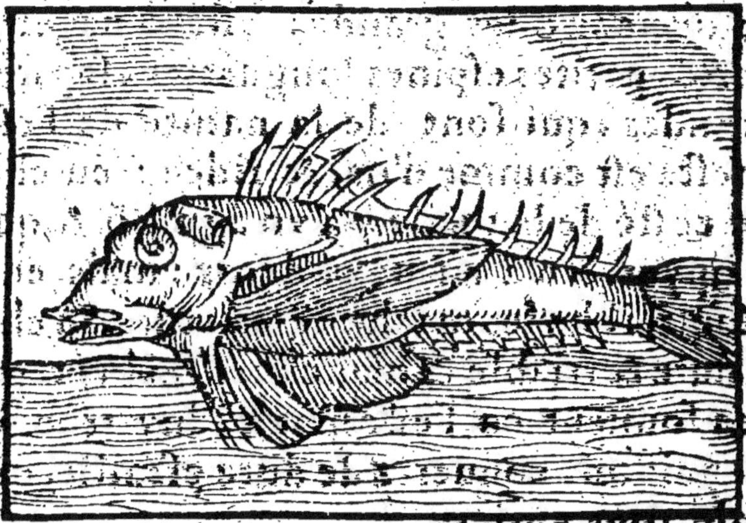

LE Rouget ressemble au Milan de
mer. Ses esles sont grandes, vne en
chasque costé, dont il a obtenu le sur-
nom de vistesse. Ce poisson est rouge : aussi est- ce de là, que nous le nommons Rouget. Il est conuert de cuyr dur comme par-
chemin, n'ayant aucunes escailles: aumoins
s'il y en a, elles sont moult petites, seulement dessouz le ventre : car au dos il n'y
en a aucunes. Il a deux aspretez d'espines

D 4

dessus

deſſus ſon dos, quaſi comme ſi c'eſtoyent
eſcailles apuyees l'vne ſur l'autre: entre leſquelles ſont ſituees les deux eſles du dos, &
deſquelles l'vne, qui eſt prochaine à la teſte
eſt fortifiee de neuf aguillons : l'autre voiſi-
ne à la queuë, n'en a aucun. Lon trouue vne
particuliere marque en ce Rouget, qu'en
chaſque coſté des grandes eſles à nager, il
ha trois petites eſpines longuettes, ſeparees
& rondes, qui ſont de la nature de l'eſle.
Sa teſte eſt comme d'os, & ridee : en chaſque coſté de laquelle y a vn aguillõ & quatre ouyes. Il n'a aucunes dents : mais en ce
default, il ha les machouëres rudes. Sa chair
eſt dure & friable & blanche. Qui luy regardera ſouuent en l'eſtomach, luy trouuera
des poiſſons couuertz de dure eſcaille, qu'il
auale tous entiers.

LA

LA DOREE.

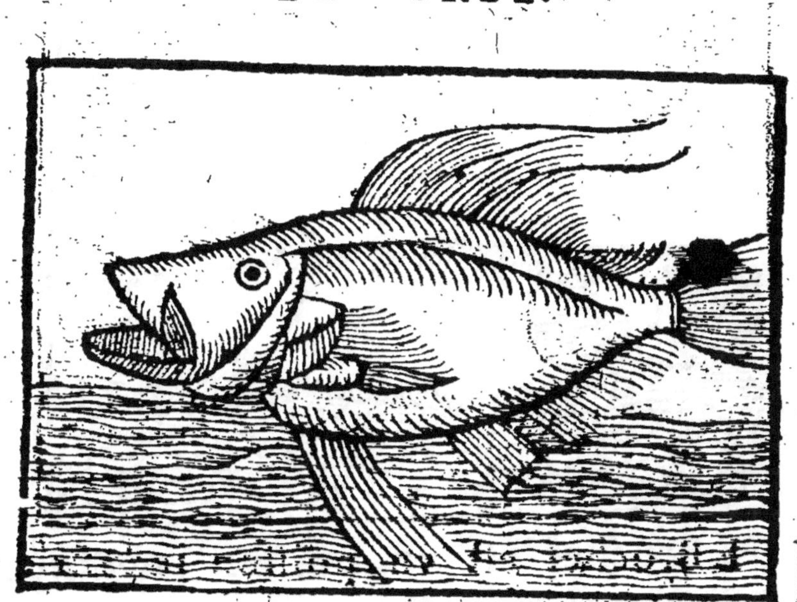

LA Dorée est poisson sans escailles, ayāt
le corps tenue & delié & large. Elle
mange des autres poissons, aussi a la bouche
large, les yeux moult grands, larges & ca-
uez: & pour la varieté des couleurs, qu'on
trouue en diuerses especes, ont esté expresse-
ment nommez quelques vns Blācs, à raison
qu'on les voit argentez & reluysans comme
argent: & à cause de la dorure.

D 5   LE

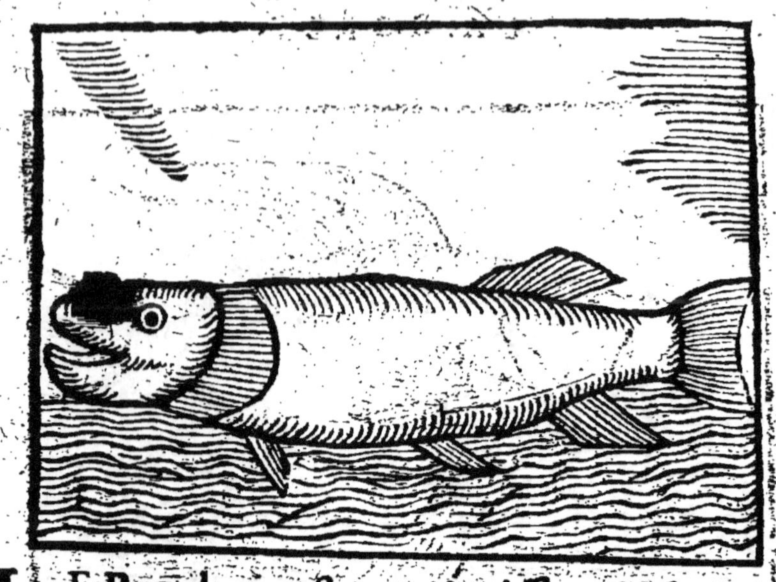

LE Brochet est vn poisson industrieux
en prenant sa pasture: car se tenant contre le courant de l'eau, lors qu'il auise quelque grenouille, ou autre chose se remuer
leans, il se darde de roideur sur sa proye:
C'est de là q̃ les pouruoyeurs & cuysiniers
de la cour, le nõmet vn Lãcerõ. Mais estãt
long cõme vne broche, est nommé en tous
lieux vn Brochet. Car ilz ont le corps long
auec rõdeur, & la teste estendue en auant: ils
sont madrez de blanc, plombé & noirastre.
Ses escailles sont petites, l'ouuerture de sa
bouche est grãde: ses dẽts sont canines, longues & trãsparantes, fichees à l'entour de la
maschouere, quatre ouyes en chasque costé:
sa queuë est fourcheue, & a quatre esles dessouz

ſouz le ventre, les deux qu'il a pres de la
queuë, ſont l'vne deſſus, l'autre deſſouz,
oppoſees l'vne à l'autre, comme les epanons
d'vn dard. Ses inteſtins ont peu de reuolu-
tions, ſans aucunes apophyſes: ſon cœur eſt
plus rond que triangle. Il y a difference entre les Brochetz d'Italie & ceux de France,
que les vns ſont eſtenduz en lóg, & ſont les
plus delicatz: & les Italiens ſont plus trapes
& larges, & ont le ventre grand. Et pource
qu'il eſt peſché es lacz de toutes les côtrees
du móde, il en eſt d'autát mieux cogneu, &
ſur-tout aux François qui l'ont en delices.

LA ROVSSETE.

IE trouue trois eſpeces de Rouſſetes,
deſquelles la premiere & la plus grande

de a esté nommee des anciens Panthere,
pource qu'elle est mouchetee de noir sur
le roux. Et d'autant que ses taches ressemblent à la façon de quelques estoilles, les
Grecz & Latins l'ont voulu nommer Estel-
lee. Les Venitiens pource que elle est ta-
chetee comme vn Chat, l'ont mieux aymé
nommer Gathe, côme aussi les Marseillois
l'appellent vn Gatauguer. Ceste espece ne
se trouue en ce païs, sinon vers la mer Mediterranee, toutesfois nous en monstrerons le
pourtraict. La seconde espece nous est fort
vulgaire, & plus blanche que les autres, mais
bien autant mouschetee : c'est celle que lon
appelle communement la Roussete. La
tierce espece se trouue bien souuent en la
mer de Rome, & a la chair de bon goust &
odoriferante : dont le vulgaire l'appelle vn
Muscatol, & montre ses estoilles blandha-
stres, & mieux marquees que les autres.

LE

LE MERLAN.

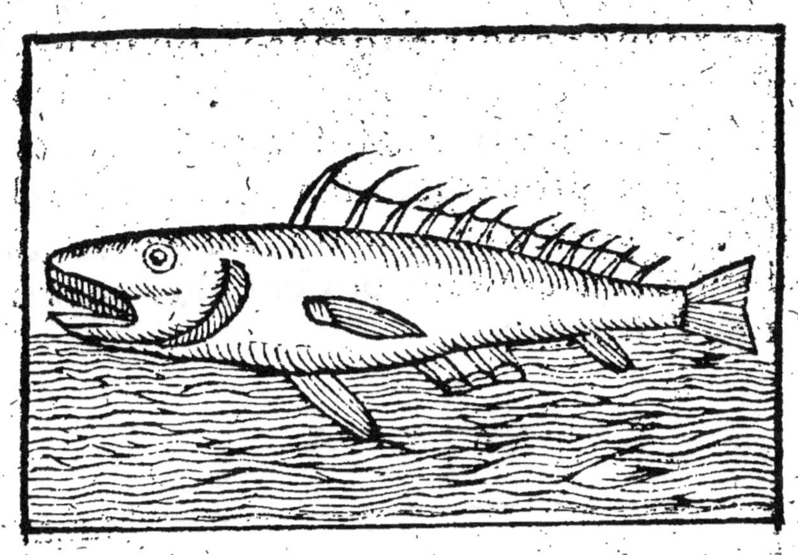

LE Merlan eſt l'vn des plus molz poiſſons eſpineux dont nous ayons vſage,
& toutesfois deſeiché, deuient dur comme
corne. A peine y a il poiſſon plus vulgaire
en noz poiſſonneries, que le Merlan : parquoy il eſt cogneu d'vn chacun. Car eſtant
blanc & mol, eſt de couleur argentee, ayant
deux eſles deſſouz le ventre. La ligne qui
depart le poiſſon par les coſtez eſt preſque
iaune. Il ſemble n'auoir aucunes eſcailles:
car les ſiennes ſont ſi petites qu'à peine les
voit on. Ses dents ſont delieés & blanches,
ſituees és extremitez des maſchoueres : luy
detrenchant l'eſtomach, l'on cognoiſt qu'il
mange

mange des Gougeons, Greuettes, & tout
petit poiſſon. Il a tant de menuz inteſtins
ſur l'orifice de ſon eſtomach, attachez à la
tripe voyſine dudit eſtomach, qu'on ne les
ſçauroit nombrer. Noſtre vulgaire le trouuant ſi facile à cuyre, mol & de bon gouſt,
en a fait vn prouerbe, diſant, que le poix des
Merlans portez en la main, ou penduz à la
ceinture, en courant poiſent plus que portez en l'eſtomach.

LA VIVE.

ENcor que la Viue ſoit nombré entre
les poiſſons de riuage, ſi eſt -ce qu'on
le peſche auſſi en trente toiſes deau : il eſt
prins en ceſte ſorte. Les peſcheurs font
des

des lignes entournées de soye de cheual,
car elles ne se pourrissent point en l'eau.
Encor qu'ils soyent en plaine campaigne
de mer, appastent leurs haims en temps
calme : & s'ils en ont senty quelqu'vn, lors
l'ayant tiré en l'air, ont vne pierre sur le
bort du nauiere toute preste pour luy es-
cacher la teste, à fin d'oster le haim de sa
bouche. C'est vn poisson bien armé de
fortz aguillons, desquels la pointure est si
venimeuse, principalement quand ils sont
en vie, qu'ils font perir la main, si l'on n'y
remedie bien tost. Ia en auons veu en fieure & resuerie, auec grande inflamma-
tion de tout le bras d'vne seule petite
poincture au doigt. Le commun bruit
est entre les mariniers, qu'il s'engendre des petits poissons en la playe : &
que le souuerain remede est de repoin-
dre la playe plusieurs fois auec ledit aguil-
lon. La viue est mouchetee de couleurs
dessus les costez, dont les taches sont
obliques, mais les fauues sont plus frequentes, que pas vne des autres, elle a
bien petites escailles, encor moindre
que les serpens terrestres, ayant ses ouyes
des costez moult simples, & des dentz
courtes & frequentes, à la maniere des
serpens terrestres. Ses yeux sont grands : il
a deux

a deux esles dessus le dos, desquelles celle de deuant prochaine à la teste est petite &
noire, garnie de quatre mauuais aiguillons:
l'autre suit le long du dos, & s'en va à la
queuë, laquelle il a fort large, & qui n'est
gueres fourcheuë. Son ventre n'est pas grãd,
aussi a il le conduit de l'excrement pres de
de la teste. Il a vne esle longue le long du
ventre, commençant à la queuë, & finissant
en l'endroit des deux esles de dessouz le
ventre.

LE THON.

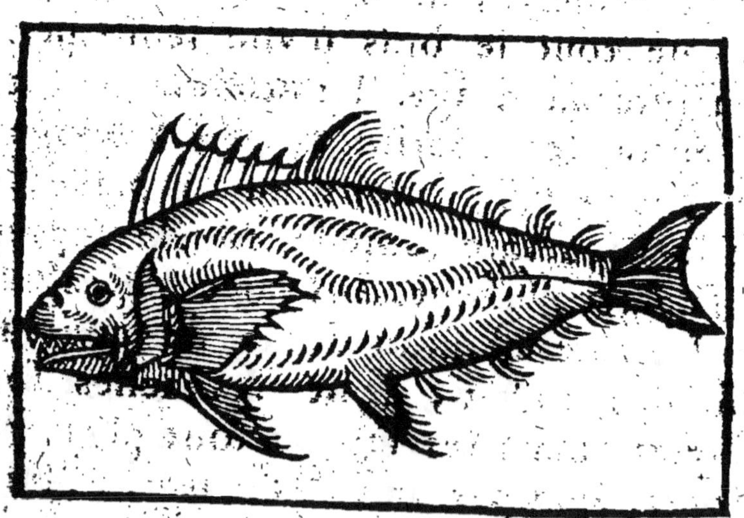

IL est rare à nous qui habitons la coste
de la mer Oceane, de voir apporter
des Thons fraiz au marché des villes, ne
aussi

aussi en Angleterre. Et toutesfois ils sont si
frequentz aux habitans de la mer mediter-
rance, que peu s'en faut qu'ils n'en ayent en
toutes saisons. Il est communement aussi
grand comme vne Oye de mer, & quelquesfois plus, couuert de peau lisse & brunie:
chose qu'Aristote auoit desia cotté, toutesfois si quelqu'vn essaye à l'escherder auecq'
vn cousteau, le trouuera couuert d'escaille
menue. Il y a si grande affinité entre le
Thon & la Palamide & le Macreau, qu'à
peine trouue lon enseignes à les distinguer,
fors que la seule grandeur. Le Thon parue-
nu à son extreme grandeur, ha enuiron trois
couldees de long, & vne brassee d'espoisseur
par le trauers du corps. L'opinion des anciens dure encor entre les modernes, que
les Thons viennent de l'Occean en la mer
Mediterranee par le destroit de Gibaltar,
principalement au moys de May, & qu'er-
rans par la mer à grandes troupes, & hantans les riuages, sont reduicts par les pescheurs es destroicts de plusieurs contrees, &
ainsi demeurent prisonniers.

E

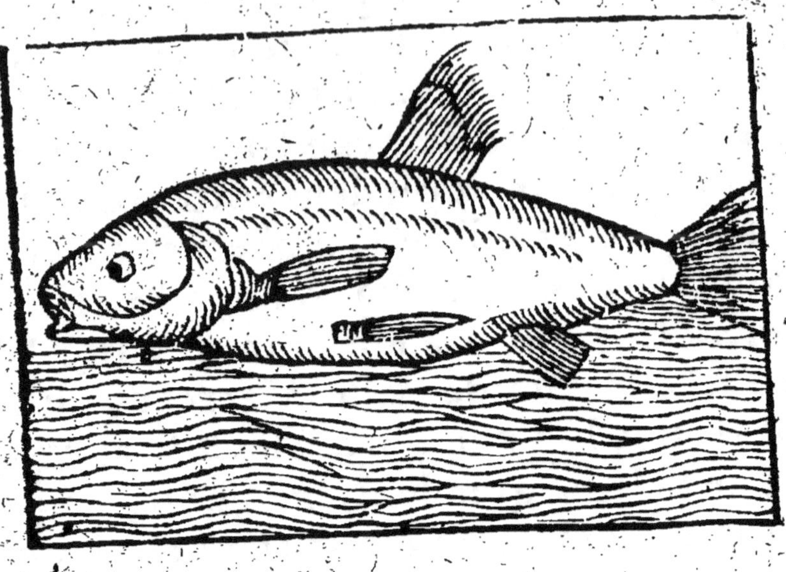

LE Gardon est couuert d'escaille larget-
te : il est de corsaige quasi semblable à
la Bremme : toutesfois qu'il est de plus longue corpulence , & plus espois : son dos est
noir & reluisant , & tirant sur l'or , Les pescheurs de Romme, nommans les Reuillons,
entendent des petits Gardōs. Il est aussi pesché dedans la riuiere nommee l'Ambre au
païs Milannois, qui passe par la Malignance.
Le Gardō est fort bon pour les personnages
qui sōt malades. Lon en pesche aussi au Lac
de Peruse , qui sont plus estimez que les
autres.

LE

LE MVSNIER.

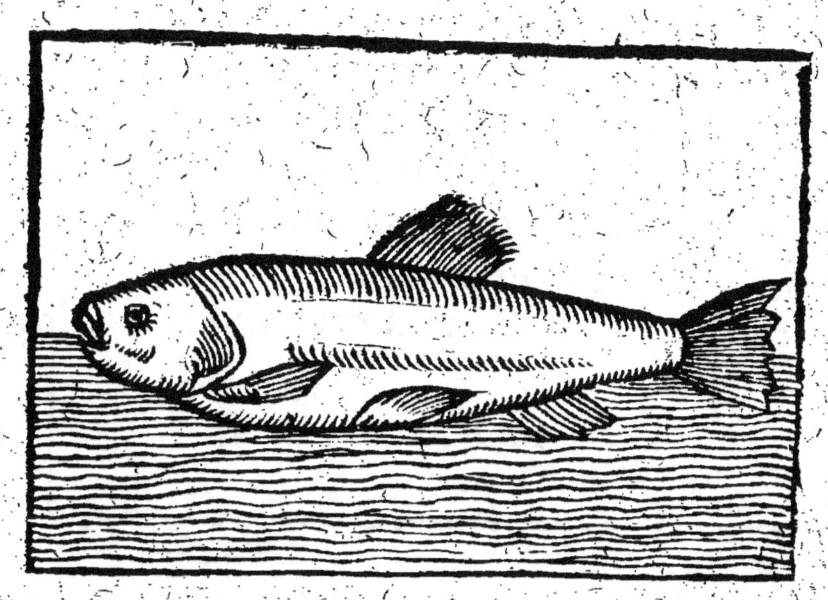

LE Teſtard ou Muſnier croiſt ſouuent
auſſi gros qu'vn Mulet : mais pource
que les anciens ont conſtitué quatre eſpeces
de Mulets, deſquels celuy qu'ils nómoyent
Chelon ou Bacchus eſt le pire : ce n'a eſté
a tort que l'auons voulu mettre en ceſt ordre : car il rapporte quelque peu au Mulet,
tant de la maniere de la teſte, que de la corpulence, & de la couleur, & qu'il eſt moins
delicat.

LE SAVMON.

LE Saumon a les eſcailles moult petites veu la grandeur de ſon corps, il
croiſt aucunesfois iuſques à deux & trois

coudees & grouffit à l'equipolent. Il a la
tefte, la queuë, & toutes fes efles mouche-
tees de taches rouges & iaunes. Il a les déts
de la machoire d'embas plus grandes &
longues que celles de deffus, & en plus
grande quantité. Il fe mange frais au printemps, & en toute faifon falé. Il a la chair
rouge, & neantmoins qu'elle foit douce &
agreable, elle foule toft ceux qui la mãgét.

LE MACREAV.

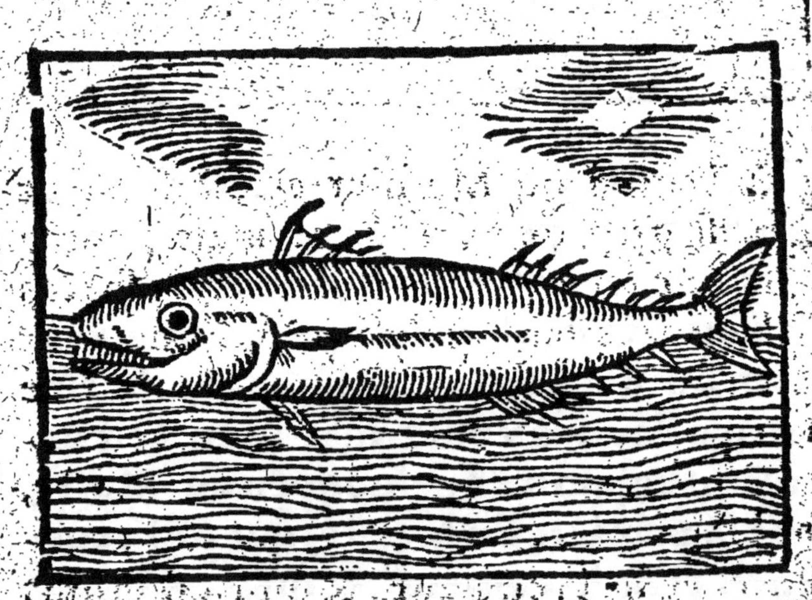

L On ha couftume de prendre les Macreaux en toutes mers: car auffi font
ils cogneus en tous lieux. Les Italiens &
les Grecz ont retenu fon nom ancien:
mais les François dient Macreaux, qui eft
nom

nom deshonneste à la prononciation, qui
semble auoir prins son origine de ce qu'ils
precedent auant la saison des pucelles. Ou
bien fut nômé Macreau des marques qu'il
ha sur les costez. Ils sont si gros en l'Ocean,
qu'on les peut comparer aux Pelamides de
la mer Mediterranee. C'est vn des poissons
frais, qui est le plus estimé au printemps es
villes mediterranees de nostre France : car
il est tendre & sauoureux, s'il est deüement
apresté. Les Anglois qui ont coustume de le
bouillir, & luy oster la teste & les intestins,
le rendent insipide, quasi comme ceux qui
ont ja esté salez. Mais nous au côtraire, qui
l'entournons de fenoil, de peur que la chaleur du feu ne luy deseiche trop sa chair, &
ainsi cuyt sur la grille, n'a a faire que d'estre
seulement quelque peu eschauffé, le ren-
dons sauoureux par dessus tous autres. Il
n'y a contree en toute la iurisdiction des
Grecs & Latins, qui n'vse de salez, qui est
auec double proffit : car ostans les tripes &
ouyes, apres qu'ils les ont meslees auec du
sel en vn grâd vaisseau, ils en font vne saul-
mure, que les anciens nommoyent, *Garum,*
dont ils vsent iournellement es païs du le-
uant, comme nous faisons maintenant de
la moustarde.

LE BAR.

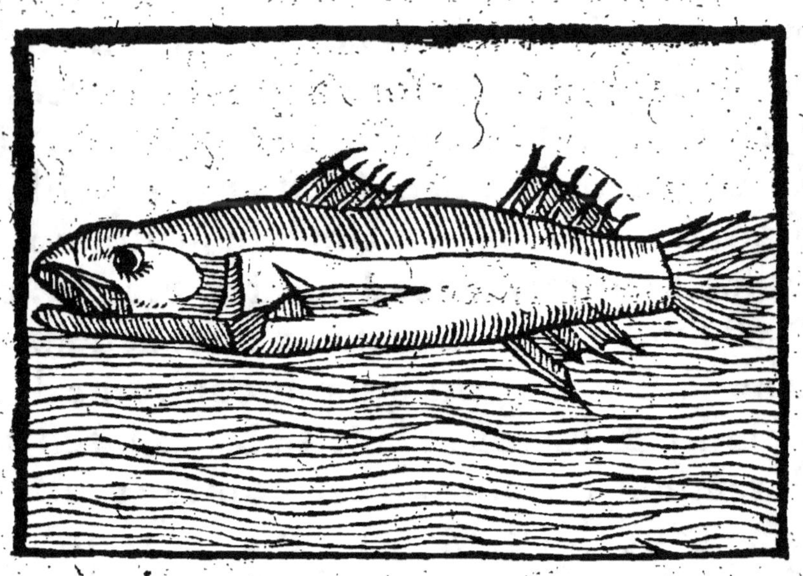

LE Bar eſt vn poiſſon aſſez commun. Il
eſt proportionné rond , auec longueur.
On luy voit vne ligne en chaſque coſté, qui
va de droit fil, commençant à l'ouye, conti-
nuant par le coſté , iuſques à la queuë. Il eſt
couuert d'eſcailles moyennement grandes
qui tiennent moult fort à ſa peau. On le
prend communément plus grand en l'O-
cean , qu'on ne fait en la mer Adriatique &
Mediterranee. Son ouye exterieure eſt ca-
chée, ayant de picquerons. Et combien qu'il
ouure ſa gueule moult grande , ſi eſt-ce
qu'il n'a les dents moult grandes : car elles
ſont ainſi confuſement ordonnées es ma-
choi

choires comme en la Bremme de mer. Il a
deux aisles dessus le dos, dont la premiere
est munie de huit espines, l'autre d'aupres
de la queuë les a foibles: encor en a vne en
chasque costé, & deux dessous le ventre. Son
foye n'a qu'vn lopin, non plus que celuy
d'vn Daulphin: mais il est vray que le costé
dextre descend le plus long, souz lequel
pend le fiel gros comme vne aueliane. Sa
rate est adioincte à son estomach au costé
gauche, rouge & longuette. Galien parlant
du Bar, dit qu'il n'a point veu qu'il n'aquist
es fleuues: mais a bien adoué, qu'on le woit
monter iusques es lacz d'eau douce, & le
long des fleuues. Pline medecin, le nombre
entre les poissons aspratiles, le louant encor plus, pource qu'il porte des pierres en
son cerueau, & de vray il en a deux.

LE GOVION.

LE Gouion de riuiere est si commun
qu'il est cogneu d'vn chacun. Il a les
escailles petites & semblables, à argent:
il est taché dessus le dos de petites macules noires, ayant le ventre semblable
aux autres poissons de riuiere. Sa chair est
molle & vit en l'eau, de bourbe & de cha-

rouge. Les pescheurs cognoissans qu'ils
prennent plaisir à se tenir dessouz les os des
bœuss en font amas, qu'ils mettent au fons
de la riuiere, à fin de les attirer & prendre
plus à leur ayse.

LE CROCODILE DV NIL.

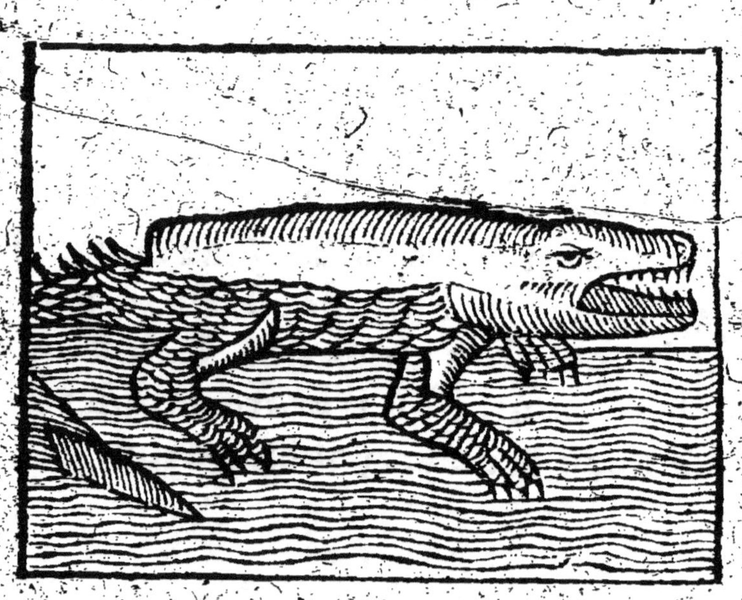

LEs anciens Empereurs Romains ont
fait grand compte de ceste beste plu-
stost nuisible que profitable aux person-
nes, laquelle ils souloyent representer en
leurs spectacles & reuers de medales. De
laquelle on voit encor pour le iourd'huy la
despouille en relief en plusieurs citez, mesmement à Paris en la grande salle du
Palais,

Palais, & en quelques Eglises de ladicte
ville. Ceste beste monstrueuse fait son re-
paire es cauernes pres les paluz du Nil, &
de iour se tient ou dedans l'eau viuant
des poissons, ou le long des riuages man-
geant les autres bestes terrestres qui y a-
bordent, iusques a deuorer les hommes
& enfans, auec vne certaine ruse de iecter
larmes, comme en plorant, & se veautrer en
terre, feignant leur faire caresse: puis quand
ils s'en sont aprochez, elle les iecte par
terre d'vn coup de sa queuë, comme d'vne
masse, & en les deschirant de ses griffes,
les deuore miserablement. Elle est des especes du Lezard, & esclose d'vn petit œuf,
vient à vne grandeur monstrueuse: & à
sa gueulle fort grande, garnie de longues
dents & merueilleusement agues, & ne re-
mue que la maschoire d'enhault: & à celle
d'embas la langue (qui est pour sa propor-
tion plus petite que ne sembleroit de de-
uoir) adhere tellement, qu'il n'y semble
apparoir que la trace. Sa peau est de couleur grise fort roide, & armee par dessus de
grosses boucles rudes & agues, & le reste du
cuyr garny d'escailles larges & especes, fors
qu'au dessouz du ventre. Mais sa queuë
est grosse & longue, les quatre iambes fort
courtes, les pieds fendus en cinq doigs,

& muniz de griffes longz & aguz , def-
quels il defchire tout ce qu'il rencontre.
Lon dict que quand le Crocodyle dort
la gueule ouuerte , vn petit oyfeau nommé Roitelet, luy entre dedans, & fe re-
paift de ce qu'il trouue en fes dentz. Encor y a vne certaine efpece de Rat de
pais là nommé *Ichenemon* qui luy entre
iufques au dedans de l'eftomach, & apres
qu'il eft faoul de ce qu'il y trouue, ne pou-
uant retourner par où il eft entré, luy ron-
ge le ventre, dont le Crocodile en meurt.
C'eft ce que le vulgaire d'Egypte appelle
pour le iou d'uy vn Rat de Pharaon. Il
reffemble aucunement à vn Tatou : mais
il a le poil comme vn Chat, & le corps
bien long, les piedz courtz & noirs, & le
mufeau long comme vne Belette. Le genre des Crocodyles, duquel la vie eft en
eau & en terre commune, fi de ceftuy
genre les dentz de la maxilere dextre
font lyees au bras droit de l'homme, on
dit qu'elles efmeuuent & aguillonent le
coït & luxure. O dit auffi les pierres ex-
traictes du ventre d'iceluy dechaffer & ex-
peller les horreurs qui viennent des fieures. Et pour cefte caufe les Egyptiens oi-
gnent leurs malades de la graiffe d'iceluy. La fiente du Crocodyle de terre concueillie,

cueillie, & le ius d'icelle mis & attribué au
visage, le fait agreable & blác comme nei-
ge. Et mesmement si ladicte fiente est blanche & legiere & mise en eau elle se fond &
dissoult bien tost. La fiente du Crocodile
vault à la blancheur de l'œil.

LE RAT D'EAV.

LE Rat d'eau s'engendre de la corruption qui se gette au riuage des eaux
douces & salees : ainsi comme font les ratz
& souris de la corruption du boys & pour-
riture des nauieres en la mer, ou de quelque
vieil mesnage es maisons. Il trauerse les
grandes eaux, contre la nature des ratz &
souris terrestres, il se paist des herbes qu'il
trouue au bord des eaux : & se trouuant en

neceſſité ſe paiſt de chair, pain, fourmage, &
fruict. Les peſcheurs trouuans quelque ſa-
ueur à leur chair en font cas.

L'ESCREVISSE.

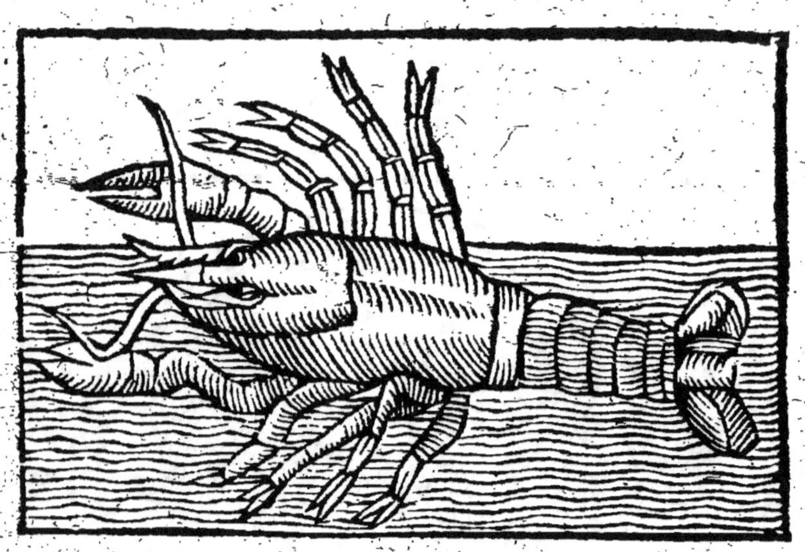

LEs Eſcreuiſſes maſles ont deux are-
ſtes entre le ventre & la queuë, leſquelles les femelles n'ont point. Celles qui
ont œufz au ventre ſont medicinables contre les morſures des ſerpens. Et au temps
d'amour le maſle monte au dos deſſus la
femelle. Et s'elle ſent ſon mouuement
au dos voulant coït, enclinee ſe tourne de
coſté vers luy, & ainſi eſt parfait le coït.
Au printemps elles ſe deſpouillent & oſtét
leur vieille peau, ainſi que fait l'anguille.

L'eſcre

L'escreuisse mise dedans du laict, & de celuy abreuee, vit sans eau mout de iours. Et quand elle est vieille on treuue en sa teste deux pierres de couleur blanche entremeslee de rouge. Lesquelles pierres ont tant de vertu, ainsi qu'on dit, que quand elles sont donnees en breuuage, elles guerissent les punctions du cœur. L'escreuisse a huict piedz par lesquels elle meut & chemine par mouuement esgal, elle n'a point de sang, & est par dessus dure & dedans molle. En la riue de la mer de Iudee sont aucunes Escreuisses petites, lesquelles sont dictes cheualiers, pour cause de la legiereté de leur cours : car elles courent si tost, qu'elles ne peuuent estre prinses, & quand aucune est prinse & fendue, il n'est totalement point trouué de chair ne de superfluité en leur corps: car elles n'ont point de pastures, ne de victuailles.

L'escreuisse est volontiers donnee à ceux qui sont debiles d'estomach, toutesfois elle n'est de si facile digestion comme plusieurs pensent.

LA PVCELLE.

LA Pucelle est peschee en plusieurs riuieres contre le courant de l'eau. Quand

Quand elle eſt grande on la nomme Aloſe.
Il y a grande affinité en la Pucelle & le Ha-
ren:mais on peut cognoiſtre le Haren auec
la Pucelle: parce qu'il ha la teſte & le corps
plus large, & la leure plus aduancee, & la
Pucelle l'a plus longue. La Pucelle a auſſi
quatre ou cinq taches de coſté & d'autre çà
& là par les coſtez,ce que n'a le Haren.

LE CANCRE DE MER.

LEs Cancres marins & ceux d'eau douce ſont ſi ſemblables qu'ils ne peuuent eſtre bonnement diſtinguez les vns
des autres. Le Cancre marin eſt rond
ayant huiɛt piedz & deux yeux, & eſt de
ronde

ronde corpulence. Les maſles ſont rougea-
ſtres: & les femelles tirentde la couleur
plombee: le maſle eſt rouge & de douce ſa-
uebr. Pour les manger bons il les fauſt mettre bouillir en vie, ainſi que les Eſcreuiſſes
d'eau. Parquoy ceux qui ſont deſia morts
d'eux meſmes ne doiuét point eſtre mágez.
On dit que ſi le Cancre eſt mis en pouldre
& meſlé auec tiſanne, ou laiɕt d'aneſſe qu'il
aide & reconforte grandemét ceux qui ont
les poulmons intereſſez. Auſſi de ceſte pouldre eſt fait medicament contre la morſure
du chien.

DV MARSOVIN.

VN Marſouin a le cuir eſpois & fort
poly: & eſt de couleur plombee ſur
le dos

le dos. Il a la queuë en forme de croissant, le museau fort camus, & la machoire de dessus releuee en amont, & celle d'embas fort espoisse : chacune desquelles est garnie de quatre dentz. Il est des especes de la Balene, ou du Daulphin.

L'ANGE DE MER.

L'Ange de mer est garny de quatre esles aux deux costez, & ha le corps estroict & long, la teste compassee en rondeur, & la gueulle enuironnee de dents par deuant ainsi que la Grenoille de mer. Il fraye deux fois l'an, au commencement de l'Automne, & à la fin du printemps: & fait sept ou huyt petis à chacune portee. Au demeurant la peau de ce poisson sert aux Italiens à polir leur bois, ainsi que la peau d'vn Chien de mer sert à nous,

LE SPARE.

SPare est vn poisson qui a vne tache noire à la racine de la queuë, & a le cercle de l'œil iaune, & les escailles largettes, la ratte gresle, longuette & rougette. On dict que ce poisson fut apporté à Rome de

loin

lointaines parties, & mis au Tibre pour e-
stre multiplié.

LA LANGOVSTE.

LA Langouste a deux longues cornes
deuant les yeux fort aiguës, & en rondeur prepilees, & deux autres moindres
desquelles elle chasse aux petits poissons:
Elle estraint sans crainte, tenant ses cornes de costé, chemine hardiment où bon
luy semble: mais si c'est en crainte, a-
lors elle s'enfuyt arriere, tenant ses cornes droites. Elles ont des dents pour tron-
çonner la viande, assez grandelettes & for-
tes, leur gosier est gresle & longuet. Elles
viuent des petits poissons, qu'elles pren-

nent es destroits des lieux pierreux & ca-
uerneux. Elles nagent moyenant certaines
pinnules, qui sont dessous leur queuë. Il y
a cinq plastons ou tablettes sur la queuë : sa
couleur est entre rouge & noire. On dit
qu'elles sont difficiles à digerer, mais qu'elles nourrissent beaucoup, & qu'elles restrai-
gnent le ventre, & que leur corne beuë
auec du vin pur, sont vtiles à repurger les
reims pierreux. En la mer d'Inde les Lan-
goustes sont grandes, de quatre coudees, elle craint grandement le Polipe, & est enne-
mie du Congre.

LA NACRE.

Nacre est vn poisson du genre des Con-
ches, il naist es lieux limeux, & a le
corps rond. Le masle & la femelle cheminent ensemble. La Nacre ouure ses escailles au cler de la Lune : se presentant aux petits poissons comme morte, lesquels entrez
dedans ses escailles, ou coquilles, & les sentant pleines, incontinent les ferme & ainsi
les deuore. Quand on les a cuytes il leur
faut oster l'estomach, autrement on se ga-
steroit les dents du sablon qui est dedans,
on les cuir sur les charbons auec du beurre
& du poiure.

Le Bar

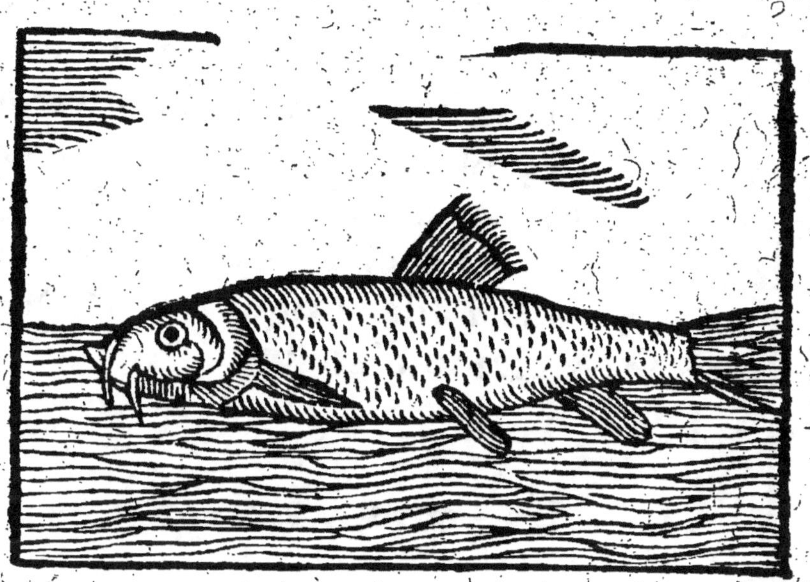

LE Barbeau de riuiere est ainsi appellé,
à cause des languettes charneuses qui
luy pendent en forme de barbe sous le
museau. Ce poisson est fort fluant en la
riuiere, qui a l'espine du dos assez ferme
& ague, celle du ventre iaunastre, & celle
de la queuë tirant vn peu sur le rouge. Son
museau est long, agu, & visqueux: duquel,
de chaque costé, luy sort deux moustaches ou barbettes, desquelles on a pris le
nom. Ce poisson n'a point de dents, ses
yeux sont petits, garnis de prunelles fort
noires, entouree d'vn cercle tirant sus
l'Or. La ligne des costez, luy apparoit de
beaucoup plus qu'es autres poissons, la

couleur est diuerse, son doz tient vn peu du
verd, estant dans l'eau, & son ventre de couleur de laict. Il a vn fiel comme d'autres
poissons: & des œufs, fort bons à la colere, &
pour faire pisser: Mais le trop manger en est
mauuais pourtant qu'ils font vomir, & trop
lascher le ventre. La chair du Barbeau est
blanche, mole, & d'assez bonne saueur, mais
pituiteuse, & pleine d'arestes.

LE BIEVRE.

L'A nature du Bieure est de viure en
l'eau & en terre, ayant le poil fort
espez, tirant sur le noir, & le cuir bien
fermé, de sorte qu'il ne reçoit l'eau en aucune

eune façon. La teste, les yeux, & les dents
ressemblent aucunement au Rat, la langue
à celle du Pourceau, les machoires à celle
du Lieure, la queuë resséble à quelque gros
poisson tirant sur le gris, long de demy pied,
large de six doigts & espez de deux. Il a des
parties interieures pareilles à celles du Pour
ceau. Sa chair est telle que celle des bestes
terrestres, bonne au manger, sinon que la
queuë sent la marine. Les pieds de deuant
sont argotez, & ceux de dertiere separez
d'vne taye entre chacun doigts garnis de
griffes. Il vit de proye dans la mer & autre
eau douce. Ces testicules sont vn peu plus
gros que le poulce. Or pour parler des loüa-
bles choses du Bieure, fault sçauoir que sa
peau sert grandement aux podagres, son
vrine contre le venin, moyennant qu'elle
soit bien gardee: son fiel peut seruir aux in-
flammations des yeux, & à esmouuoir la
femme à engendrer: ses testicules sont fort
bons aux maladies froides & humides, estas
remperez de chose chaude & froide, & da-
uantage ils seruent contre le venin du serpent, & esmeuuent à esternuer, ainsi que dit
Dioscoride.

LA BARBVE.

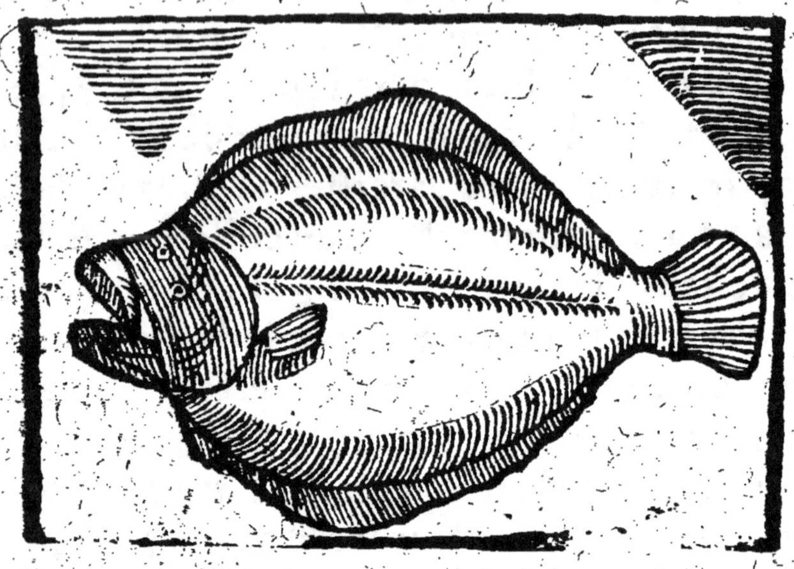

LA Barbue est tousiours moindre qu'vn Turbot : sa peau est cendree & plus polie qu'au Turbot : & est aussi couuerte de taches blanches, ayant la teste vn peu plus alongee & large, que le Turbot. Ils ont mesmes esles, & les yeux les vns comme les autres, & la bouche en mesme situation. Mais la Barbue, n'estant si espoisse, ne de goust si exquis, est tousiours inferieure au Turbot. Elle ha si grande similitude auecq' le Turbot qu'on a peine à les sçauoir distinguer.

LA

LA LIMANDE.

LA Limande est de couleur fauue, & est de plus longue corpulence que le Quarlet, mais plus ronde que les Flez. On la prend communement auec des haims: aussi ha elle les dents plus longues que nulle autre espece de poissons plats. La Limande se deseiche mieux que ne font toutes autres manieres des poissons plats: i'entens pour estre trouuee de bon manger. On les pend au soleil pour les desecher, sans auoir esté salés, puis les distribuant en liaces par douzaines, les envoyent en Flandres & Alemaigne: mais ils y sont nommez Stochfisch.

LE FLEZ.

LEs Flez sont poissons, hantans l'eau douce & salee: car on les trouue aussi vulgaires es villes d'Angleterre, peschees en la Tamise, comme es riuieres de France, situees pres de l'Ocean. Il est de corpulence vn peu plus longuette, que la Plie. Son dos est plus plombé, & son ventre blanchastre: & outre la tresse aspre qu'il porte sur la ligne qu'il ha en chasque costé, aussi en ha il tout à l'entour aux racines des

eſles, & ſur l'ouye exterieure, qui eſt piquo-
tee de petites taches noires, quaſi comme
petites poinctes d'aguille.

LA MVRENE.

LA Murene eſt de la groſſeur d'vn Congre, ayant le nez long & les dents longues & agues, elle eſt communement de
couleur fauue, & mouchetee de taches
iaulnes: mais le maſle l'eſt moins, & quel-
quefois ne l'eſt point du tout. Il n'a aucun-
ne eſles en chaſque coſté non plus qu'en
la Lamproye. Parquoy il nage au fond de
la mer, en ſe trainant, à la mode des ſerpens,
ſur terre. Et ſi ha de tout temps eſté bruit
entre les gens, qu'il s'allie aueoques les ſer-
pents

pents terrestres, & sort dehors pour frayer
auecques eux. Elle ha vn petit pertuys rond
en chaque costé du col, par lequel elle reiette l'eau, qu'elle auoit attiré à ses ouyes, qui
sont rouges, & cachees dessous sa peau,
quatre en chasque costé. Il ne luy apparoist
aucun rudiment de langue. Ses yeux sont
ronds, petits, de couleur veronné. La prunelle est moult noire. Ses dents sont disposees par ordre dedans les maschoires. Son
gosier est large, qui commence incontinent
des l'ouuerture de son bec, à l'entree duquel il ha des os, esquels sont attachez
certains haims, qui suppleent au defaut de
la langue : car ils accrochent la viande en-
uoyee en son estomach. Elle ha vne vescie
pleine de vent, estendue le long de l'espine
du dos, qui luy sert a nager plus commo-
dément. Son foye est roux, estendu en long,
appuyé dessus l'estomach, auquel pend le
fiel de couleur du ciel, en vne petite vescie
qui n'est gueres plus grosse qu'vne moyen-
ne noysille. Sa ratte est longuette, attachee
à son estomach. Les espines de l'areste du
dos sont moins frequentes, mais plus longues qu'en vne Anguille. Il y a diuerses
muscles en trauers, qui regardent contremont pardedans sa chair, qui est tresblan-
che, trassee de conduicts obliques & tra-

uers entre les muscles, comme vn Chien
de mer, qui est suaue & delicate, mais en-
nuyeuse, à cause de plusieurs espines courtes & grossettes, qui sont çà & là dedans sa
chair. Lors que Rome estoit en sa fleur,
ceux qui auoyent des viuiers, s'efforçoyent
d'y multiplier les poissõs pour y auoir prof-
fit.Et pource que les Murenes leur estoyent
communes au marché entre les poissoniers.
Les pescheurs estans aduertis du mesfait
des Murenes, sçachant qu'elles se deffen-
dent de leurs dents,ne les osent empoigner
de la main nue, mais ont des tenailles toutes prestes pour les empoigner sur le chi-
non du col,à fin qu'ils leurs froissent le bec,
& leur rompent les reins: car elles sorti-
royent du bateau, si elles n'auoyent l'espine
du doz rompue.

LE

LE CHEVAL OV
Cheualot Marin.

LE cheual eu Cheualot marin, ha pref-
que la tefte, le col & le ventre ref-
femblans à celuy du Cheual terreftre : fe
courbant de fois à autre, qui luy fait appa-
roiftre plufieurs fronceures fur fa peau dure & calleufe. Il eft de groffeur d'vn pou-
ce ou enuiron, le mufeau affez long, fon col
fort retors : fes yeux tous ronds fortans
hors tefte, fur le coupeau de laquelle
il a cheueux fort droits & deliez, qui n'a-
paroiffent qu'aux vifs. Au refte il eft garny de deux efpines aux deux coftez, ef-
quelles s'apparoit à chacune d'elles vn trou.
La queuë va en appetiffant & courbant,

toute

toute couuerte de petites espines. Quant
il est mort ou sec, sa queuë se retire en rond,
comme aussi fait celle du Chameleõ. Quelques autheurs ont escript que le Cheual
marin, ou Hippocãpus, mis en cendre auec
le poix liquide, graisse, ou onguent de Mar-
iolaine, guarist de la teigne & de mal du costé. Si on les mange rostis, ils retiennent l'v-
rine. L'huile rosat, en laquelle on les aura
fait mourir & tremper, est bonne pour oin-
dre les fieures froides. D'auantage se garde
qui voudra de ce poisson : car Aelienus dict
que le ventre en est tellement venimeux,
qu'estant cuyt auec du vin & beu, rend vne
toux seiche sans cracher, de telle sorte que
d'vne influxion de ventre en vient inflam-
mation aux yeux & vne fumee au cerueau
iusques à la mort.

L'E-

L'EVESQVE MARIN.

L'Euesque marin est vn monstre de mer
beaucoup plus merueilleux que le Moi-
ne marin cy deuant demonstré. Aussi a il esté
trouué, ainsi qu'a affermé Amsterodame, en
l'an 1531. en la coste de la mer de Boulógne.
Lequel incontinent qu'il fut hors de la mer,
demonstroit par signes estre grandement
desireux de retourner en ladicté mer. Ie
croy que plusieurs ne s'estonneront moins
de ceste figure, que ceux qui l'ont redigé par
escrit.

FIN.